新工科建设之路 · 数据科学与大数据系列教材

大数据技术基础教程

高永平 刁 帆 主 编

电子工业出版社
Publishing House of Electronics Industry
北京 · BEIJING

内 容 简 介

本书系统地介绍了大数据技术的原理与应用，主要内容包括绪论、分布式计算编程基础、大数据处理框架 Hadoop、Hadoop 分布式文件系统、分布式数据库 HBase、分布式计算框架 MapReduce、数据仓库 Hive、Spark Streaming、数据可视化、基于大数据的电商精准营销、好友推荐案例分析等。本书用简单易懂的语言、生动有趣的实例和图形展示知识点，将概念、原理与应用融会贯通，并对大数据工具软件进行了细致的梳理。

本书适合大数据应用行业的技术人员阅读，也可作为高等学校相关专业的教学用书。

图书在版编目（CIP）数据

大数据技术基础教程 / 高永平，刁帆主编. —北京：电子工业出版社，2024.3

ISBN 978-7-121-47507-8

Ⅰ. ①大…　Ⅱ. ①高…②刁…　Ⅲ. ①数据处理　Ⅳ. ①TP274

中国国家版本馆 CIP 数据核字（2024）第 055676 号

责任编辑：魏建波
印　　刷：北京七彩京通数码快印有限公司
装　　订：北京七彩京通数码快印有限公司
出版发行：电子工业出版社
　　　　　北京市海淀区万寿路 173 信箱　邮编　100036
开　　本：787×1092　1/16　印张：10.75　字数：272 千字
版　　次：2024 年 3 月第 1 版
印　　次：2025 年 2 月第 2 次印刷
定　　价：49.80 元

凡所购买电子工业出版社图书有缺损问题，请向购买书店调换。若书店售缺，请与本社发行部联系，联系及邮购电话：（010）88254888，88258888。

质量投诉请发邮件至 zlts@phei.com.cn，盗版侵权举报请发邮件至 dbqq@phei.com.cn。

本书咨询联系方式：（010）88254178 或 liujie@phei.com.cn。

前　言

随着物联网和云计算技术的发展，海量数据以前所未有的速度从异构数据源中产生，并深刻影响着社会生产和人们生活的各个方面。数据的高效存储和使用已成为企业竞争力的重要组成部分。

随着大数据时代的到来，高校迫切需要建立大数据技术课程体系，为社会培养和输送一批具备大数据专业素养的高级人才，满足社会对大数据人才的需求。本书是大数据技术的入门教材，为读者提供一个了解大数据技术的窗口，为读者初步掌握大数据技术提供指导。

本书分为 11 章，具体内容如下。

第 1 章介绍大数据相关的概念、特征、应用及大数据面临的挑战等。

第 2 章从总体上阐明分布式系统的一些属性，简要介绍了分布式计算架构，以及所应用的不同类型的系统，并进一步明确了在一些研究领域面临的挑战和获得的启示。

第 3 章主要介绍了 Hadoop 的相关知识，包括 Hadoop 简介、Hadoop 生态系统、Hadoop 的安装与使用等。

第 4 章主要解决海量数据的高效存储问题。以 HDFS 为例，本章主要介绍 HDFS 的设计原则、HDFS 的核心概念、HDFS 的体系结构、HDFS 的存储原理、HDFS 的数据读写流程、HDFS 的编程实现等内容。

第 5 章主要解决海量数据存储、非结构化数据存储和随机访问的问题。以 HBase 为例，本章主要介绍 HBase 数据模型、HBase 的系统架构、HBase 表结构设计、HBase 的数据读写流程、HBase 编程实践等。

第 6 章解决分布式并行编程问题。以分布式计算框架 MapReduce 为例，本章主要介绍 MapReduce 的计算模型、MapReduce 的工作原理、MapReduce 编程实践等。

第 7 章解决数据仓库问题。以 Hive 为例，本章主要介绍 Hive 的架构、Hive 的数据类型及应用、Hive 的数据模型、DDL 的应用、DML 的应用、JDBC 访问等内容。

第 8 章解决实时计算问题。以 Spark Streaming 为例，本章主要介绍 Spark 概述、Spark Streaming 数据源、Spark Streaming 程序示例等内容。

第 9 章解决数据可视化问题。可视化技术为大数据分析提供了一种更加直观的挖掘、分析与展示手段，有助于发现大数据中蕴含的规律，在各行各业中均得到了广泛的应用。本章主要介绍可视化的作用、可视化工具、可视化典型案例等。

第 10 章解决基于大数据的电商精准营销问题。作为大数据应用的一个典型案例，本章主要介绍数据预处理概述、数据探索与可视化等内容。

第 11 章为好友推荐案例分析。本章以 QQ 好友推荐的实现过程为例，详细讲述 Hadoop 在开发过程中的实际应用。

在长期的大数据相关课程的教学过程中，本书编者发现学生总是不能有效地将理论知识应用于实际编程中,对许多问题无从下手,影响了学习效果。因此,本书详细地给出了案例实现步骤,可引导读者在课后一步步、循序渐进地完成操作,同时编写了习题,为读者深入学习大数据技术打下扎实的基础。

本书第 1 章、第 2 章、第 5 章、第 7 章、第 10 章、第 11 章由刁帆编写,第 3 章、第 4 章、第 6 章、第 8 章、第 9 章由高永平编写,全书由高永平统稿。在本书的编写过程中,何月顺、许志文、李祥、徐洪珍、张军、王强、刘志锋等为本书提供了大量素材,并提供了宝贵的意见和建议,周伟、曾文煊、余金龙等多位同学参与了本书的资料整理工作,在此一并表示感谢。

由于编者水平有限,书中难免有疏漏和不妥之处,欢迎广大读者批评指正。

编　者

目　　录

第 1 章　绪论

"大数据"（Big Data）一词最早在美国著名未来学家阿尔文·托夫勒的《第三次浪潮》一书中出现（1980 年），该书将大数据称为"第三次浪潮的华彩乐章"。从 2009 年开始，以博客、社交网络、基于位置的服务（Location Based Services，LBS）为代表的新型信息发布方式不断涌现，云计算、物联网等技术兴起，数据以前所未有的速度不断增长和累积，"大数据"成为互联网行业的流行词汇。

本章主要介绍大数据相关的基本概念、技术、发展状况、应用以及大数据面临的挑战。

1.1　大数据的发展历程

根据国际数据公司估测，全世界的数据一直在以每年 50%的速度增长。大量数据快速积累，大数据相关技术在全世界迅猛发展，引起了全世界的广泛关注，掀起了全球性的发展浪潮。

从远古时代的"结绳记事"，到文字发明后的"文以载道"，再到近现代科学的"数据建模"，数据一直伴随着人类社会的发展变迁，承载了人类基于数据和信息认识世界的努力和巨大进步。纵览大数据发展简史，人类对数据的探索经历了萌芽阶段、成熟阶段和应用发展阶段。

1.1.1　萌芽阶段

1997 年 10 月，迈克尔·考克斯和大卫·埃尔斯沃思在电气与电子工程师协会（IEEE）关于可视化的会议论文集中发表了《为外存模型可视化而应用控制程序请求页面调度》论文。论文的开头是："可视化对计算机系统提出了一个有趣的挑战：通常情况下数据集相当大，耗尽了主存储器、本地磁盘，甚至远程磁盘的存储容量。我们将这个问题称为大数据。当主存储器（内核）无法容纳数据集，或者本地磁盘无法容纳数据集时，最常用的解决办法就是获取更多的资源。"这是美国计算机协会数字图书馆中第一篇使用"大数据"这一术语的论文。

1999 年 8 月，史蒂夫·布赖森、大卫·肯怀特、迈克尔·考克斯、大卫·埃尔斯沃思以及罗伯特·海门斯发表了《千兆字节数据集的实时性可视化探索》一文。文章开头指出："功能强大的计算机是许多查询领域的福音，它们也是祸害。高速运转的计算机产生了规模庞大的数据。曾几何时，我们认为兆字节（MB）的数据集就很大了，现在我们在单个模拟计算中发现了 300GB 规模的数据集。但是研究高端计算产生的数据是一项很有意义的尝试。不止一位科学家曾经指出，审视所有数据是极其困难的。正如数学家、计算机科学家理查德·哈明指出的，计算的目的是获得规律性的认识，而不是简单地获得数据。"

2000 年 10 月，彼得·莱曼与哈尔·范里安在加利福尼亚大学伯克利分校的网站上发布了研究成果《信息知多少？》。这是在计算机存储方面第一个综合性地量化研究世界上产生并存储在四种物理媒介（纸张、胶卷、光盘、磁盘）中的新信息及原始信息（不包括备份）总量的成果。研究发现，1999 年世界上产生了 1.5EB 的独一无二的信息，相当于地球上的每个人产生了 250MB 信息。研究同时发现，大量独一无二的信息是由个人创造和存储的（称为"数据民主化"），数字信息产品不仅数量庞大，而且以最快的速度增长，作者将这项发现称为"数据治理"。彼得·莱曼与哈尔·范里安指出，"即使在今天，大多数文本信息是以数据形式产生的，几年之内，图像也将如此。"2003 年，彼得·莱曼与哈尔·范里安发布了最新研究成果：2002 年世界上大约产生了 5EB 新信息，92%的新信息存储在磁性介质上，其中大多数存储在磁盘中。

2001 年 2 月，麦塔集团的分析师道格·莱尼发布了一份研究报告，题为《3D 数据管理：控制数据容量、处理速度及数据种类》。十年后，"3V"（Volume、Variety 和 Velocity）作为定义大数据的三个维度被广泛接受。

2005 年 9 月，蒂姆·奥莱利发表了《什么是 Web 2.0》一文，他断言"数据将是下一项技术核心"。蒂姆·奥莱利指出："正如哈尔·范里安在去年的一次私人谈话中所说的，'结构化查询语言是一种新的超文本链接标记语言'。数据库管理是 Web 2.0 公司的核心竞争力，以至于我们有时将这些应用称为'讯件'，而不仅仅是软件。"

在这一时期，社交网络开始建立，大量非结构化数据开始爆发，企业界、学术界开始关注非结构化数据的处理方法，但是尚未形成对数据处理系统、数据库架构的共识。

1.1.2　成熟阶段

随着人类对大数据的研究不断深入，互联网、信息技术、物联网得到了快速发展，使数据源源不断地产生，大数据处理技术如"Performance"（性能）、"Cloud Computing"（云计算）、"MapReduce"（大规模数据集并行计算算法）、"Hadoop"（开源分布式系统基础架构）等开始形成。大数据的应用范围也从最初的商业和学术领域开始大幅度、大规模地向社会和自然科学领域扩散。

2007 年 3 月，IDC 研究公司发布了《数字宇宙膨胀：到 2010 年全球信息增长预测》报告。报告显示，2006 年世界上产生了 161EB 数据，并预测在 2006 年至 2010 年，每年增加的信息将是以上数字的六倍多，达到 988EB，或者说每 18 个月就翻一番。2010 年和 2011 年同项研究所发布的报告显示，每年所创造的数据总量超过了以上预测数据，2010 年达到了 1200EB，2011 年增长到了 1800EB。

2008 年 6 月，思科公司发布了一份报告，题为《思科视觉网络指数：预测与方法，2007-2012》。这份报告预言，"从现在到 2012 年，IP 流量将每两年翻一番"，2012 年 IP 流量将达到 0.5ZB。这份预测比较准确，正如思科公司于 2012 年 5 月 30 日发布的一份报告指出的，2012 年 IP 流量刚刚超过 0.5ZB，"在过去 5 年中增长了 8 倍"。

2010 年 2 月，肯尼斯·库克尔在《经济学人》杂志上发表了一份关于管理信息的特别报告《数据，无所不在的数据》。肯尼斯·库克尔写道："世界上有着无法想象的巨量数据信息，并以极快的速度增长。从经济界到科学界，从政府部门到艺术领域，很多地方都已感受到了这种巨量信息的影响。科学家和计算机工程师已经为这个现象创造了一个新词汇：'大数据'。"

2011 年 2 月，马丁·希尔伯特和普里西拉·洛佩兹在《科学》杂志上发表了《世界存储、传输与计算信息的技术能力》一文。文章指出，1986 年—2007 年，世界的信息存储能力以每年 25% 的速度增长。同时指出，1986 年 99.2% 的存储容量是模拟化的；但是到了 2007 年，94% 的存储容量是数字化的，数据存储方式发生了根本性逆转。

2011 年 5 月，麦肯锡全球研究院发布了《大数据：创新、竞争和生产力的下一个新领域》报告，大数据开始备受关注，这也是专业机构第一次全方面地介绍和展望大数据。报告指出，大数据已经渗透到每个行业和领域，成为重要的生产因素。人们对于海量数据的挖掘和运用，预示着新一波生产率增长和消费者盈余浪潮的到来。报告还提到，大数据源于数据生产、收集能力和速度的大幅提升，越来越多的人、设备和传感器通过网络连接起来，产生、传输、分享、访问数据的能力得到彻底变革。

2012 年 7 月，联合国在纽约发布了一份关于大数据政务的白皮书，总结了各国政府如何利用大数据更好地服务和保护人民。这份白皮书举例说明了数据生态系统中个人、公共部门和私人部门的角色、动机和需求。白皮书还指出，人们可以使用极丰富的数据资源（包括旧数据和新数据）来对社会人口进行前所未有的实时分析。联合国还以爱尔兰和美国的社交网络活跃度增长可以作为失业率上升的征兆为例，表明政府如果能合理分析所掌握的数据资源，将能"与数俱进"，快速应变。

2012 年，世界经济论坛发布了名为 *Big Data, Big Impact: New Possibilities for International Development* 的报告，该报告详细地阐述了大数据在金融、教育、健康、交通等多个领域所发挥的重大作用以及所带来的新机遇和挑战，重在说明大数据所引起的经济效益不可小觑。同年 3 月，美国政府在白宫网站上发布了主题为"大数据大事业"的《大数据研究和发展倡议》，明确表示要投入大量资金在大数据上，通过海量而纷繁复杂的数据获取知识信息、提升工作效率，并要在科学、工程、环境等领域取得重大突破。

1.1.3 应用发展阶段

大数据于 2013 年左右达到宣传高潮，大数据技术开始向商业、科技、医疗、政府、教育、经济、交通、物流等领域渗透，因此 2013 年也被称为"大数据元年"。在这之后，大数据概念体系逐渐成形，人们对其的认知亦趋于理性。大数据相关技术、产品、应用和标准不断发展，逐渐形成了包括数据资源与 API、开源平台与工具、数据基础设施、数据分析、数据应用等板块的大数据生态系统，并持续发展和不断完善，呈现"技术→应用→治理"的迁移过程。

2012 年，牛津大学教授维克托·迈尔-舍恩伯格在其著作 *Big Data: A Revolution That Will Transform How We Live, Work, and Think* 中指出，数据分析将从"随机采样""精确求解""强调因果"的传统模式演变为大数据时代的"全体数据""近似求解""只看关联不问因果"的新模式，引发了商业应用领域对大数据的广泛思考与探讨。

随着技术的发展，人们对大数据的采集、清洗、分析和处理能力不断增强，诞生了以

Hadoop 开源平台为代表的大数据生态系统。Spark 逐渐替代 MapReduce 的地位，受到业界追捧。Spark 在内存中的运行程序的运算速度比 MapReduce 快得多，并且其运行方式适合机器学习任务。由于实时计算的需求，流式计算引擎开始出现，包括 Storm、Flink、Spark Streaming 等。大数据存储和处理技术的发展也带动了数据分析、机器学习的蓬勃发展，促使新兴产业不断涌现。

大数据是 IT 行业的又一次技术变革，大数据的浪潮汹涌而至，对国家治理、企业决策和个人生活产生了深远影响，成为云计算、物联网之后信息技术产业领域的又一重大变革。未来将是大数据引领的智慧科技时代。随着社交网络逐渐成熟，移动带宽迅速提升，云计算、物联网应用更加丰富，更多传感设备、移动终端接入网络，由此而产生的数据及增长速度将比历史上任何时期都要多、都要快。

1.2　大数据的概念

尽管大数据的发展已有二十多年的时间，但目前对于大数据仍缺乏一个统一的、完整的、科学的定义。

从字面上看，大数据似乎仅仅代表了大规模数据（Large Data）和海量数据（Massive Data）。事实上，大数据的概念随着技术的发展而发展，有多种定义。

高德纳咨询公司的数据分析师 Merv Adrian 认为，大数据是一种在正常的时间和空间范围内，常规的软件工具难以计算和进行数据分析的能力。

被誉为"大数据时代的预言家"的维克托·迈尔-舍恩伯格、肯尼思·库克耶在其专著《大数据时代：生活、工作与思维的大变革》中对大数据的定义为：大数据是人们获得新的认知、创造新的价值的源泉，大数据还未改变市场、组织机构，以及政府与公民关系服务。他们认为"大数据是人们在大规模数据的基础上可以做到的事情，而这些事情在小规模数据的基础上是无法完成的"。

维基百科给出的大数据概念为：大数据又称为巨量资料，是传统数据处理应用软件无法处理的、复杂的数据集。此外，大数据也可以定义为各种来源的大量非结构化、半结构化和结构化数据。大数据包含的数据量通常超出了传统软件在可接受的时间内进行处理的能力。

MBA 智库百科给出的大数据概念为：大数据是指无法在一定时间内用常规软件工具对其内容进行抓取、管理和处理的数据集合。大数据技术是指从各种各样的数据中快速获得有价值信息的能力，包括大规模并行处理数据库、数据挖掘、分布式文件系统、分布式数据库、云计算平台、互联网及可扩展的存储系统等。

从上述概念可以看出，大数据技术与传统的数据分析技术有很大区别，具体表现在数据规模、数据类型、数据处理模式以及数据处理工具、方法、技术等方面。大数据是现有数据库管理工具和传统数据处理方法很难处理的大型、复杂的数据集，大数据技术的范围包括大数据的采集、存储、传输、分析、挖掘、建模和可视化等。

通过对大数据的定义进行梳理可以发现，大多数研究机构和学者是根据数据的规模以及数据的处理方式对大数据进行定义的，其基本共识为：大数据泛指无法在可容忍的时间内用传统信息技术和软/硬件工具获取、管理和处理的巨量数据集合，具有海量、多样等特征，需要可伸缩的计算体系结构以支持其存储、处理和分析。

1.3　大数据的特征

目前，大数据的特征存在一定的争议。本书按照普遍被接受的"4V"特征进行介绍，即规模性（Volume）、多样性（Variety）、高速性（Velocity）和价值性（Value），如图 1-1 所示。

图 1-1　大数据的"4V"特征

1.3.1　规模性（Volume）

当"万物皆数"变为"万事皆数"，我们的世界已逐渐被数据包围。按照数据的存储对象进行划分，数据可分为环境数据、医疗数据、金融数据、交通数据等。按照数据的结构进行划分，我们存储的数据除了结构化数据，还包括各类非结构化数据、半结构化数据（电子邮件、办公处理文档）等。数据量单位从 MB 转向 TB、PB，甚至逐渐转向 ZB，人类社会的数据规模正在不断刷新。2022 年我国数据产量达 8.1ZB，同比增长 22.7%，全球占比达 10.5%，位居世界第二。

1.3.2　多样性（Variety）

种类繁多、复杂多变是大数据的重要特性。随着传感器种类的增多及智能设备、社交网络的流行，数据种类变得更复杂，包括结构化数据、半结构化数据和非结构化数据。其中，约 10% 的数据是结构化数据，存储在数据库中；约 90% 的数据是半结构化数据和非结构化数据，与人类生活密切相关。以北京市交通运行智能化分析平台为例，来自道路监控摄像机的数据不仅有公交车、出租车的信息以及省际客运、旅游、停车、租车等数据，还有问卷调查、地理信息等数据。这些数据在体量和速度上都达到了大数据的规模，其类型涵盖了各种数据结构。

数据格式的多样化与数据来源的多元化为处理这些数据带来了极大的不便。大数据时代所引领的数据处理技术不仅为挖掘这些数据背后的巨大价值提供了方法，也为处理不同来源、不同格式的多元化数据提供了可能。

以往的数据尽管体量巨大，但以结构化数据为主。这种数据通过关系型数据库，以及计算机软件和设备很容易进行处理。非结构化数据的大小、内容、格式不同，不能用一定的结构进行处理。我们上网冲浪时所看的视频、旅游过程中上传的照片、发布的微博等都是非结构化数据。人们在日常工作中接触的文件、照片、视频都包含着大量数据，蕴含着大量信息。

有机构进行了统计，在一个企业组织中，非结构化数据已占据了总数据量的 75% 以上，也有研究机构认为在 85% 以上，说明非结构化数据规模的增长速度不容小觑。

非结构化数据的出现，为人们迅速、方便地处理数据带来了很大的挑战。Hadoop 解决了处理非结构化数据的难题，使大数据技术的发展进入快速化阶段。

1.3.3　高速性（Velocity）

如果将大数据的"速度"限定为数据的增长率就错了。这里的"速度"应动态地理解为数据的处理速度与流动速度。大数据对数据的处理速度要求越来越高，这也是大数据与传统数据的不同之处。

智能终端、物联网、移动互联网的普遍运用使数据量呈现爆炸式的增长。新数据不断涌现，旧数据快速消失，为数据处理提供了硬性标准。只有数据的处理速度跟上其至超越数据的产生速度，才能使大量数据得到有效的利用，否则不但不能为解决问题带来优势，反而成了解决问题的负担。在数据处理速度方面，有一个著名的"1 秒定律"，即很多情况下必须要在 1 秒内形成结果，否则处理结果就是过时和无效的。对大数据进行快速、持续的实时处理，也是大数据与传统数据的差别之一。

此外，数据不是静止不动的，而是不断"流动"的，数据的"流动"消除了"数据孤岛"现象。数据如水一般在不同的存储平台之间自由"流动"，在合理的环境下进行存储，使各类组织不仅能存储数据，而且能主动管理数据。

1.3.4　价值性（Value）

数据采集不及时、样本不全面、数据不连续、数据失真等问题都会导致大数据的价值密度低。大数据的价值密度低还可能是因为对非结构化数据的处理。大数据时代尽管拥有海量的信息，但真正可用的数据只有一小部分，有大量无用其至错误的信息。因此，如果将大数据比喻为石油行业，那么在大数据时代，重要的不是如何炼油（分析数据），而是如何获得优质原油（优质元数据）。

尽管价值密度低为我们带来很多不便，但应该注意的是，大数据的价值密度低是对特定的应用而言的，信息有效与否是相对的，数据的价值也是相对的，有时一条微不足道的数据可能会造成巨大影响。因此为了保证对新产生的应用有足够的有效信息，通常必须保存所有数据，使数据量达到一定规模，可以通过更多的数据达到更真实、全面的反馈。

1.4　大数据的应用

1.4.1　互联网与电子商务领域

互联网和电子商务领域是大数据应用的主要领域，主要需求是用户信息记录和用户行为分析，并基于这些行为分析实现推荐系统、广告追踪等。

（1）用户信息记录

在 Web 2.0 和电子商务时代，移动互联网的用户大部分是注册用户。通过注册，用户拥有了自己的账户，互联网企业则拥有了用户的基本信息，网站具有用户名、密码、性别、年龄、电话号码、电子邮件地址等基本信息。社交媒体上的用户信息更多，例如新浪微博用户可以填写自己的昵称、姓名、所在地、性别、生日、QQ 账号、自我介绍、用户标签、教育信息、职业等；在微信或 QQ 用户端可以填写昵称、个性签名、姓名、性别、英文名、生日、血型、故乡、所在地、邮政编码、电话号码、学历、职业等。互联网用户在上网期间会留下很多个人信息，因此互联网企业的用户数据库中的用户信息会越来越完整。

（2）用户行为分析

用户行为分析是互联网和电子商务领域大数据应用的重点，主要包括以下几点。

① 鼠标点击和移动行为。在移动互联网之前，互联网上的用户行为基本都是通过鼠标来完成的，分析鼠标点击和移动行为是用户行为分析的重要部分。目前，国内外很多大公司都有自己的系统，用于记录和统计鼠标点击和移动行为，国内的很多第三方统计网站也可以为中小网站和企业提供鼠标点击和移动行为记录。

② 移动终端的触摸和点击行为。随着新兴的多点触控技术在智能手机上被广泛应用，触摸和点击行为能产生更复杂的用户行为，对此类行为进行记录和分析变得更加重要。

③ 键盘等其他设备的输入行为。此类设备主要是为了满足不能通过简单的点击进行输入的场景，例如大量内容输入。键盘的输入行为不是用户行为分析的重点，但键盘产生的内容却是大数据应用中内容分析的重点。

④ 眼球、眼动行为。基于此种用户行为的分析在国外比较流行，目前国内的很多领域也有类似的应用。通过研究用户的眼球移动和停留轨迹，产品设计师可以了解界面中的哪些元素更受用户关注，哪些元素设计得不合理等。

针对不同的业务场景，用户行为分析有所不同，如表 1-1 所示。通过对互联网行为数据进行不同的建模和推导分析，可以得出有价值的结果，这是互联网和电子商务领域大数据应用的真正需求。

表 1-1　用户行为分析

	消费行为	贡献行为
传统内容网站	元素点击行为； 浏览行为与路径； 相关推荐内容点击行为； 喜好页面停留时间； 浏览器/上网场景特性； ……	点击率； 回头率； ……
电子商务网站	网站本身的行为分析； 商品浏览过程； 付费与购买行为； 退换货行为； ……	网站本身的行为分析； 收藏、点评、分享； ……

续表

	消费类	贡献类
社交网站	网站本身的行为分析; 消费内容的路径更加多样化; ……	网站本身的行为分析; 内容发布与创建; 内容转发与评论; 关系链的创建与形成; 应用和其他使用习惯; ……
游戏网站	游戏操作行为; 付费与购买行为; 装备的使用喜好; ……	玩家行为产出的游戏战略和物资; 玩家行为; ……

（3）基于大数据相关性分析的推荐系统

推荐系统在电子商务平台中被广泛应用，当当网、京东、天猫等电子商务平台就是根据大数据相关性分析为用户推荐相关商品的，例如根据用户的兴趣爱好推荐商品，以同理心刺激消费，如图 1-2 所示。有关数据显示，当当网、京东、天猫等电子商务平台近 1/3 的收入来自个性化推荐系统。

推荐系统的基础是用户行为数据，处理数据的基本算法在学术领域被称为"用户队列群体的发现"，队列群体在逻辑和图形上用链接表示，队列群体的分析涉及特殊的链接分析算法。推荐系统分析的维度是多样的，可以根据用户的喜好推荐相关商品，也可以根据社交网络关系进行推荐。如果利用传统的分析方法，需要先选取用户样本，把用户与其他用户进行对比，找到相似性再进行推荐，但推荐的准确性较低。采取大数据分析技术可以大大提高分析的准确性。

图1-2　根据用户的兴趣爱好推荐商品

（4）网络营销分析

电子商务网站一般会记录每个页面中的海量数据，这样就可以在很短的时间内完成广告位置、颜色、大小、用词和其他特征的试验。当试验表明某些特征的更改促进了更好的点击行为时，这个更改就可以实施。

从用户的行为分析中可以获得用户偏好，为广告投放选择时机。例如，通过微博用户分析，可以获悉用户在每天的 4 个时间段内最活跃：早上去上班的路上、午饭时间、晚饭时间、睡觉前。掌握了这些用户行为，企业就可以在对应的时间段做某些有针对性的内容投放和推广。

病毒式营销是互联网上的用户口碑传播，这种营销通过社交网络像病毒一样迅速传播，成为一种高效的信息传播方式。对病毒式营销的效果进行分析不仅可以及时掌握营销带来的反应（例如网站访问量的增长），也可以从中发现病毒式营销存在的问题，以及可能的改进思路，为下一次病毒式营销提供参考。

（5）网络运营分析

电子商务平台通过对用户的消费行为和贡献行为进行分析可以量化很多指标，服务于生产和营销环节，例如转化率、客单价、购买频率、平均毛利率、用户满意度等，从而为用户定位或市场细分提供科学依据。

1.4.2　交通业

（1）交通流量分析与预测

大数据技术能提高交通运营效率、道路网的通行能力、设施效率，调控交通需求分析。例如，根据美国洛杉矶某研究所的研究，通过优化公交车辆的数量和线路，在车辆运营效率增加的情况下，减少 46% 的车辆可以提供相同或更好的运输服务。英国伦敦也曾利用大数据来减少交通拥堵时间，提高运转效率。当车辆即将进入拥堵地段时，传感器可告知驾驶员最佳行驶方案，大大降低了行车的经济成本。大数据的实时性使交通运行更加合理。

大数据技术具有较好的预测能力，可降低误报和漏报概率，随时针对交通的动态性进行实时监控。因此，在驾驶员无法预知交通的拥堵可能性时，大数据可帮助用户预先进行了解。例如，在驾驶员出发前，大数据管理系统会依据导致交通拥堵的因素避开拥堵路线，并通过智能手机告知驾驶员。

（2）交通安全水平分析与预测

大数据的实时性和可预测性有助于提高交通安全系统的数据处理能力。在驾驶员自动检测方面，驾驶员疲劳视频检测仪、酒精检测器等车载装置可以实时检测驾驶员是否处于警觉状态，行为、身体与精神状态是否正常。同时，联合路边探测器检查车辆行驶轨迹，快速整合各个传感器的数据，构建安全模型，综合分析车辆行驶的安全性，可以有效降低交通事故的发生概率。在应急救援方面，大数据能以极短的反应时间和综合的决策模型，为应急救援决策提供参考，提高应急救援能力，减少人员伤亡和财产损失。

（3）道路环境监测与分析

大数据技术在减轻道路交通堵塞、降低汽车运输对环境的影响等方面有重要作用。通过建立区域交通排放监测及预测模型，建立交通运行与环境数据共享试验系统，大数据技术可有效分析交通对环境的影响。

1.5　大数据分析方法

1.5.1　大数据分析的五个基本方面

（1）可视化分析（Analytic Visualizations）

不管是数据分析专家还是普通用户，数据可视化是数据分析工具最基本的要求。可视化可以直观地展示数据，让数据自己"说话"。

（2）数据挖掘算法（Data Mining Algorithms）

可视化是给人看的，数据挖掘是给机器"看"的。集群、分割、孤立点分析以及其他算法可以让我们深入数据内部。

（3）预测性分析能力（Predictive Analytic Capabilities）

数据挖掘可以让人们更好地理解数据，而预测性分析可以根据可视化分析和数据挖掘结果做出一些预测性判断。

（4）语义引擎（Semantic Engines）

非结构化数据的多样性带来了数据分析的新挑战，人们需要一系列工具去解析、提取、分析数据。语义引擎能从"文档"中智能地提取信息。

（5）数据质量和主数据管理（Data Quality and Master Data Management）

数据质量和主数据管理是指通过标准化的流程和工具对数据进行处理，可以保证预先定义好的高质量分析结果。

1.5.2　大数据分析流程

（1）数据采集

数据采集是指利用多个数据库接收来自用户端（Web、App 或传感器等）的数据，用户可以通过这些数据库进行简单的查询和处理工作。例如，电子商务平台会使用传统的关系型数据库（MySQL 和 Oracle 等）存储数据。除此之外，Redis 和 MongoDB 这样的非关系型数据库也常用于数据采集。

数据采集的特点和挑战是并发数高，需要在采集端部署大量数据库。如何在这些数据库之间进行负载均衡和分片需要深入的思考和设计。

（2）数据导入和预处理

虽然采集端本身有很多数据库，但如果要对海量数据进行有效的分析，应该将这些来自前端的数据导入一个集中的大型分布式数据库中，并且做一些简单的清洗和预处理工作。

（3）数据统计和分析

统计和分析是指利用分布式数据库对海量数据进行分析和汇总，以满足大多数常见的分析需求。在这方面，一些实时性需求可以使用 GreenPlum、Exadata，以及开源的 MySQL 数据仓库解决方案 Infobright 等，而一些批处理或基于半结构化数据的需求可以使用 Hadoop。

数据统计和分析的主要特点是涉及的数据量大，对系统资源特别是 I/O 有极大的占用。

（4）数据挖掘

与数据统计和分析不同的是，数据挖掘一般没有预先设定好的主题，主要对现有数据进行基于各种算法的计算，从而起到预测的效果，满足一些高级别数据分析的需求。比较典型的算法有 K 均值（K-Means）聚类算法和用于分类的朴素贝叶斯（Naive Bayes）算法，主要的工具有 Hadoop 的 Mahout 等。

数据挖掘的特点是用于挖掘的算法很复杂，并且涉及的数据量和计算量都很大，常用的数据挖掘算法都以单线程为主。

1.6　大数据面临的挑战

1.6.1　业务视角不同带来的挑战

以往，企业通过企业资源计划（Enterprise Resource Planning，ERP）、用户关系管理（Customer Relationship Management，CRM）、供应链管理（Supply Chain Management，SCM）等信息系统建立高效的企业内部统计报表、仪表盘等。但是，这些数据分析只是冰山一角，这些报表和仪表盘其实是"残缺"的，更多潜在的有价值信息被企业"束之高阁"。在大数据时代，企业的业务部门必须改变看数据的视角，重视和利用以往被放弃的交易日志、用户反馈、社交网络等数据。这种转变需要一个过程，但实现转变的企业已经从中获得了巨大收益。

据有关统计，亚马逊公司近三分之一的收入来自基于大数据相似度分析的推荐系统。花旗银行新产品的创意很大程度上来自各个渠道收集到的用户反馈数据。因此，在大数据时代，业务部门需要以新的视角来面对大数据，创造更大的业务价值。

1.6.2　技术架构不同带来的挑战

传统的关系数据库管理系统（Relational Database Management System，RDBMS）和结构化查询语言（Structured Query Language，SQL）面对大数据已"力不从心"，性价比更高的数据计算与存储技术和工具不断涌现。大数据时代的技术变革已不可逆转，企业必须积极迎接这种挑战，以学习和包容的态度迎接新技术，以集成的方式实现新老系统的整合。

1.6.3　管理策略不同带来的挑战

大容量和多种类型的大数据会带来企业信息基础设施的巨大变革，也会带来企业信息技术管理、服务、投资和信息安全治理等方面的新挑战。如何利用公有云服务实现企业外部数据的处理和分析？对大数据架构应该采取什么样的管理和投资模式？如何对大数据可能涉及的用户隐私进行保护？这些都是企业应用大数据时需要面对的挑战。

挑战与机遇并存，但机遇远远大于挑战，大数据应用的热潮已经来到，本书力图指导读者一步步开启大数据应用的大门。

习　题

1. 简述大数据的发展历程。
2. 简述大数据的基本概念和特征。
3. 举例说明大数据在不同行业中的具体应用。
4. 简述大数据分析的处理方法和流程。
5. 简述大数据面临的挑战。

第 2 章 分布式计算编程基础

本章从总体上阐明分布式系统的一些属性，简要介绍分布式系统中较受关注的架构，以及所应用的不同类型的系统，并进一步明确一些研究领域面临的挑战。

高性能分布式计算（High Performance Distributed Computing，HPDC）适用于需要大量计算机共同执行某项任务的计算活动。其主程序包括数据存储和分析、数据挖掘、仿真建模、科学计算、生物信息、大数据、复杂网络可视化等。

早期的高性能计算（High Performance Computing，HPC）系统更多地用于并行体系结构的程序运行，现阶段则转移到结构更明晰且更有效的分布式计算架构上运行，例如集群和云计算。

随着使用传统计算机语言硬编码方式的 HPC 程序越来越不受青睐，Hadoop 和 Spark 这样的分布式软件框架应运而生。受分布式计算原理的启发，MapReduce 这样的函数式编程语言模型可以通过 Hadoop 和 Spark 在 HPC 集群上轻易地实现。

本章主要介绍分布式计算编程基础的相关知识，内容要点如下。

- 分布式系统
- 分布式计算架构
- 分布式文件系统
- CAP 定理

2.1 分布式系统

分布式计算是研究分布式系统的计算机科学领域，各个节点间的信息交流通过复杂的消息传递接口实现。分布式系统主要用来处理那些需要几百台计算机协同才能完成的问题。分布式计算已逐渐成为热门的研究领域。

以上只是对分布式系统的概述，当然并不全面。论及分布式系统的物理特性，既然我们称之为分布式系统，就涉及系统 I/O 是否与处理器相距较远，或者存储设备是否在线的问题。目前比较认可的系统是从逻辑性和功能性上定义的分布式系统。逻辑性和功能性通常基于下列标准。

①多进程。系统内不只包含一个顺序进程，这些进程要么是系统指定的，要么是用户自定义的，但每个进程必须有一个独立的控制线程（无论是外部的还是内部的）。

②进程通信。对于分布式系统来说，进程通信信道至关重要，信道的可靠性和信息交互延

时取决于某一个节点或网络布局连接的物理特性。这里还涉及两个方面,一是内核空间——共享存储、信息传递、信号量等,二是用户空间——后台网络传输、分布式共享存储等。

③独立的地址空间。进程应该具有独立的地址空间。尽管内存共享可以通过通信完成,但仅仅共享内存的多处理器并不符合真正意义上的分布式系统的要求。

尽管以上讨论对分布式系统的特性提出了有效标准,但这些是不够的。例如,在分布式布局中,系统进程间的通信管理、数据和网络安全同样十分重要。进程运行时间管理和用户自定义计算控制对于分布式系统特性描述也至关重要。这些内容对于在逻辑上实现分布式计算是足够的,系统的物理分布只是逻辑分布的一个先决条件。

计算机和各类网络系统通过网络进行连接,互联网就是一个很好的例子。许多小型网络都会与互联网连接,例如移动电话网络、公司网络系统、制造网络单元、公共机构网络、家庭个人网络、公交网络等。这些网络无处不在,并且数量不断增长,正好满足了突破分布式计算间的屏障以形成整体布局的需求。这些网络具有某些相似的特征,具备成为分布式计算领域研究主体的完整基础条件。高级分布式系统布局如图 2-1 所示。

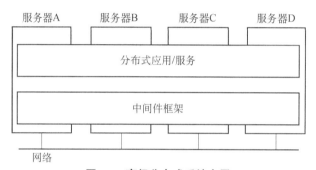

图2-1 高级分布式系统布局

在分布式系统的构建过程中,要面对以下几个挑战。

①程序并发。程序的并发执行是一个常态,面临的挑战是实现合理的通信以缩短计算机在使用共享资源时的等待时间。程序的并发执行是处理诸如数据库一类的事务最合适的方式。系统解决共享资源的空间问题时,可以在网络中增加更多资源(例如计算机)。

②缺少共享时钟。当分布在网络中的各个程序需要进行合作时,它们会通过信息传递接口交换信息。进程间的密切协调需要一个共享时钟来记录程序的状况和进程。如果没有共享时钟,就不能提供精确的参照以供网络中的计算机同步时间。

③独立故障。基础设施出现故障导致断网的问题最为常见,所以设计者在构建系统时要充分考虑这一因素。计算机系统经常会出现故障,由此出现的问题应及时得到解决。某些故障会造成网络中的计算机连接中断,尽管中断连接的计算机仍在运行,但分布式系统无法运转。同样,如果系统崩溃或某项进程意外终止,且没有向其他进行信息交换的组件发出警告,迫使系统运转停滞,系统中的节点也会因此出现故障,系统中的每个组件都会在其他组件正常运行的情况下出现故障。这一问题的解决方法通常称为容错机制。

创建和维护分布式系统的初衷是实现资源共享。分布式系统的重要性逐渐凸显,原因如下。

①地理分布环境。分布式系统最显而易见的特点就是计算机遍布全球。以银行为例,它们遍布各地。如果能对跨行交易进行监控,对遍布全球的自动提款机资金流向实行监管和

记录，并且能受理全球用户业务，那么就真正实现了互通，也就是所谓的全球化。再比如互联网，它可以把网络运行的终端变成分布式系统的一部分。

②计算速度。提升计算速度的一种方法是将多个处理器进行叠列，并且把问题分割成一个个小块，分配给单个处理器并发执行。这种方法具有一定的扩展性，处理能力可以随着叠加更多的处理器逐渐提升，比购买一个高级处理器更简单。目前，大数据计算孕育了软件系统的发展，能根据数据的可分布性将问题分成更小的单元，并借由网络进行传递，实现多核运算。

③资源共享。资源既包括软件也包括硬件。分布式系统能遍及各处，归因于设备资源的共享。计算机 A 的使用者可能想使用连接在计算机 B 上的打印机，或者计算机 B 的使用者需要使用计算机 C 的硬盘上可供使用的资源。同样地，A 工作站可能需要使用 B 工作站和 C 工作站富余的计算能力来提高计算速度。这些事件构成了分布式系统的理想用例。分布式数据库是共享软件资源方面很好的工具，大型文件可以存储在几台主机里，并由一定数量的进程进行检索和更新。

在网络资源非常普及的今天，资源共享已成为平常事。从硬件资源供给的角度来说，共享打印机和磁盘一类的资源可以削减成本。但是从分享的角度来说，用户的兴趣却来自更高的层面，例如应用程序、日常活动等。用户更乐于分享网页，而不愿分享个人的硬件设施；同样地，他们更热衷于分享搜索引擎这类应用程序，而非它们依托的服务器。这让我们必须意识到，用户之间的合作方式决定了资源共享在不同领域里的实现程度千差万别。例如，搜索引擎向全世界的用户提供服务，而一个封闭的用户群体仅仅通过共享文档进行合作。

④容错机制。针对高性能单一处理器构建的软件很容易在处理器出现故障的情况下崩溃，存在一定的风险。最好当处理元素的某一个微小部分出现故障但还有机会进行优雅降级时做出一点让步，通过分布式系统进行处理。还可以利用冗余的处理元素来提高系统的可靠性和可用性。

很多时候，系统具有三模冗余结构，三个完全相同的功能单元同时执行相同的操作，以多数输出作为正确输出。在其他容错分布式系统中，处理器在预定义检查点对数据逐一进行交叉校验，自动实行故障检测、故障诊断和故障修复。这样一来，分布式系统就完美兼容了容错机制和优雅降级。

2.2　分布式计算架构

从定义上看，分布式系统是分散在网络中的多台机器上的复杂软件组件。这些系统需要进一步组织分工，以求其复杂性能被理解。有许多方法实现这一组织分工的可视化，一种是对软件组件集合的逻辑进行区分，另一种是成员系统的物理分布。软件架构的最终实例化可以称为系统架构。不同组件和连接器可用于不同的配置，归纳为不同的结构类型。下面是一些重要的架构。

①分层架构。分层架构通常是单向和简单的，其流向是自上而下的。

②基于对象的架构。基于对象的架构鼓励形成一个较松散的组织，其中的组件称为对象，它们通过远程调用进行连接。

③数据中心架构。这种类型的架构是基于互联网的应用程序中最常见的，依托分布式文件系统创建大量应用程序，程序之间的通信全部通过该系统实现。同样地，大多数具有网络功能的分布式系统都以数据为中心，通过基于网络共享的数据服务进行通信。

④基于事件的架构。在基于事件的架构中，进程通过事件处理进行通信，这些事件偶尔携带数据。通常情况下，发布、订阅一类的分布式系统使用基于事件的架构。这类系统的进程在不同的执行阶段发布事件，中间组件确保订阅这些事件的进程能接收到它们。进程之间松散耦合，它们之间不存在明确的依赖关系，也称为解耦。

基于事件的架构可以与数据中心架构结合，产生共享数据空间。

2.3　分布式文件系统

资源共享是分布式系统的重要目标。共享存储的信息是资源共享的一个重要方面。资源共享的机制有很多。在本地，文件存储在 Web 服务器或服务器的文件系统里，或本地网络的服务器上，并通过互联网向所有用户端开放。在设计一个覆盖整个互联网的大规模读写文件系统时，涉及负载平衡、可靠性、可用性、安全性等问题。如果程序需要访问存储在系统中的数据，且要求具有可靠性，但不能确保单个主机的可用性，那么复制存储系统就非常适合这类应用程序。

2.3.1　分布式文件系统的需求

在分布式文件系统发展的早期，已经实现了访问透明和位置透明。高性能、可扩展性、并发控制、容错和安全要求也在其后续开发阶段中得以满足。

①透明性。在任何分布式系统中，文件系统的负载最大，因此它的功能和性能是非常关键的。其透明性有以下几种形式。

● 访问透明。文件的分布应该从用户端程序中分离出来，向 API 提供易于修改本地文件和远程文件的程序。

● 位置透明。在不同的计算机上复制和分布文件，需要建立一个统一的名称空间。文件可以在不需要改变其路径名的情况下迁移。重要的是，用户端程序能在网络中的任何地方找到相同的名称空间。

● 移动透明。移动文件时，用户端程序和系统表不需要改变，允许文件发生移动。

● 性能透明。当系统负载变化时，用户端程序应该继续提供预期的性能。

● 扩展透明。根据负载和网络大小扩展或缩减分布式服务。

②并发文件更新。一个用户端的文件更新不应该干扰其他用户端访问或改变相同的文件，这就是并发控制。

③文件复制。文件或数据块有不同位置的多个副本，这样有两点好处。第一，它能使多台

服务器分担访问同一文件的负载。第二，当一台服务器出现故障时，可以定位另一台承载被请求文件副本的服务器，来增强容错性。

④硬件的异构性。通过定义服务接口可以在不同的系统上操作，形成了开放性的基础。

⑤容错。容错是服务器的用户端出现故障后原系统服务器能继续工作的能力。服务器可以是无状态的，因此在出现故障后它们能进行重启，并恢复到之前的状态。

⑥一致性。传统的文件系统提供一份 UNIX 样式的更新方案，文件更新时看上去只有一份副本，而实际上更新内容发送给所有用户端以供查阅。在分布式文件系统中，文件存在多个副本，同步更新需要花费时间，可能会导致数据一致性出现问题。

⑦安全性。分布式文件系统需要对用户进行验证以保护请求的内容，访问控制列表就是用于此项功能的。

⑧效率性。分布式文件系统提供服务的效率必须与传统文件系统的效率相同或总体上具有可比性。用于实现文件服务的技术在分布式文件系统的设计中非常重要。一般来说，分布式文件系统必须便于管理，可以向系统管理员提供易于安装和驾驭系统的工具。

2.3.2　分布式文件系统的架构

（1）客户机/服务器架构

网络文件系统（Network File System，NFS）是基于 UNIX 系统的广泛部署的文件服务之一。其基本思想是每个 NFS 都能提供文件系统的标准视图。换言之，不管文件系统如何实现，每个文件服务器都支持相同的模型。NFS 提供自己的通信协议，允许用户端访问文件，因此异构进程能在不同的操作系统和硬件上运行，以共享一个文件系统。

用户端不知道分布式文件系统中的文件存储位置，但是系统提供了与传统本地文件系统类似的文件系统界面。例如，Hadoop 提供了命令行界面，以便于对 Hadoop 分布式文件系统（Hadoop Distributed File System，HDFS）中的文件进行复制、删除等操作。这种模型与远程文件服务类似，因此称作远程访问模型。

另一种模型是上传下载模型，用户端可以下载文件，也可以将更改后的文件上传到文件服务器中，这样其他用户端也可以使用该文件。这种模型的重要优势是无论用户端上的文件系统是 UNIX 还是 Windows，或者是 MS-DOS，只要它的系统与 NFS 提供的系统模型兼容，就可以实现。

（2）基于集群的分布式文件系统

尽管 NFS 是基于客户机/服务器的一个流行的分布式系统架构，但它与集群服务器有一些不同。考虑到集群的并行应用，文件系统也要进行相应的调整。常见的技术是实现文件分块，使单个文件分布在多个节点上。如果文件分布在多个节点上，那么它的各个部分就可以进行并行检索。它要求存储的数据具有规则结构，例如稠密矩阵。

对于其他结构而言，文件分块可能不起作用。在这种情况下，最好分割文件系统本身（而不是文件），并将文件单独存储在不同的分区中。

当大型数据中心发布数据时，分配任务变得复杂。这些大型数据中心提供的服务导致分布在成千上万台计算机上的大量文件被读取和更新。在这种情况下，传统的分布式文件系统不堪重负。为了解决这个问题，各大公司都提出了自己的解决方案，例如谷歌文件系统

（Google File System，GFS）。

GFS 集群包括一个主服务器和多个块服务器。文件被分成多个大小为 64MB 的块，分布在块服务器上。值得注意的是，GFS 的主服务器只获取元数据信息并接收块的地址（地址载有块服务器及其携带的块的所有信息）。主服务器维持了名称空间与映射到块的文件名的一致性。每个块都有一个与它相关的标识符，允许块服务器对其进行查找。主服务器还会跟踪块所在的位置并复制这些块来处理故障。但是，主服务器不掌握块的精确位置，而是偶尔与块服务器联系，请求跟踪块的位置，这是周期性的。

集群可扩展性解决方案的设计目标是由主服务器实施主控。目前，实现可扩展性有以下两种方法。

①由块服务器承担大多数工作。当用户端需要访问数据时，向主服务器请求数据所在的块服务器的地址，然后直接与块服务器联系。当用户端执行更新操作时，与存有该数据的最近的块服务器联系，将更改内容直接推送给该服务器。一旦更新成功，就会给本次更新分配一个序列号，并发送给所有备份机。主服务器不参与整个流程，每一次更新不受限于主服务器的瓶颈。

②文件的分层名称空间通过单级目录实现，文件路径映射到元数据中（相当于传统文件系统的索引节点）。该目录与文件块映射保存在主服务器中，文件块的更新记录在持久存储器中。当记录日志过于庞大时，就会在主服务器的数据中生成一个检查点。因此，GFS 集群的I/O 就极大地降低了。

2.4　CAP 定理

CAP 定理又称为 CAP 原则，指的是在一个分布式系统中，一致性（Consistency）、可用性（Availability）、分区容错性（Partition Tolerance）最多只能同时存在两个，三者不可兼得，如图 2-2 所示。

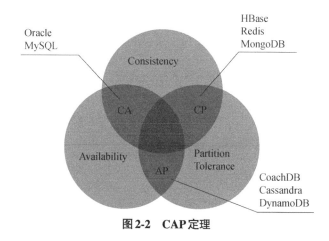

图2-2　CAP 定理

2.4.1　CAP 的定义

（1）一致性（Consistency）

更新数据并返回用户端后，所有节点在同一时间的数据完全一致，这就是分布式系统的一致性。一致性问题在并发系统中不可避免。对于用户端来说，一致性指的是并发访问时如何获取更新后的数据。对于服务器端来说，则是更新后的数据如何分布到整个系统中，以保证数据一致。

（2）可用性（Availability）

可用性指服务一直可用，而且是在正常响应时间内，不出现用户操作失败或访问超时等情况。

（3）分区容错性（Partition Tolerance）

分区容错性即分布式系统在遇到节点或网络分区故障时，仍然能对外提供满足一致性或可用性的服务。

分区容错性要求应用虽然是一个分布式系统，看上去却好像是一个可以正常运转的整体。例如，有一个或者几个机器宕机了，剩下的机器还能正常运转，满足系统需求，对于用户而言并没有什么影响。

2.4.2　CAP 定理的证明

假设有两台服务器 N1 和 N2，一台放着应用 A 和数据库 V，另一台放着应用 B 和数据库 V，它们之间的网络可以互通，相当于分布式系统的两个部分。

满足一致性时，一开始两台服务器的数据是一样的。满足可用性时，用户不管请求 N1 还是 N2，都会立即得到响应。在满足分区容错性的情况下，N1 和 N2 有任何一方宕机或网络不通时，不会影响另一方的正常运作。

当用户通过 N1 中的应用 A 请求数据更新后，N1 服务器中的数据 DB0 变为 DB1，通过分布式系统同步更新，N2 服务器中的数据 DB0 也更新为 DB1。这时，用户通过应用 B 向数据库发起请求，得到的数据就是更新后的 DB1，如图 2-3 所示。

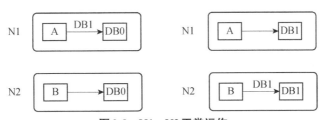

图 2-3　N1、N2 正常运作

上面是正常运作的情况，现在假设一种极端情况，即 N1 和 N2 之间的网络断开了，在满足分区容错性的前提下能不能同时满足一致性和可用性呢？

如图 2-4 所示，假设 N1 和 N2 之间的网络出现故障，用户向 N1 发送数据更新请求，那么 N1 中的数据 DB0 将被更新为 DB1。由于网络是断开的，N2 中的数据仍是 DB0。如果这时用户向 N2 发送数据读取请求，由于数据还没有进行同步，应用程序没办法立即给用户返回最新的数据 DB1，怎么办呢？有两种选择。第一，牺牲一致性，响应旧的数据 DB0 给用户；第二，牺牲可用性，阻塞等待直到网络连接恢复，数据更新后再给用户响应最新的数据 DB1。

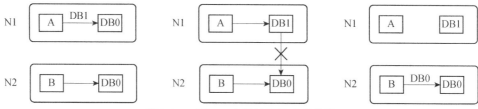

图 2-4 N1 和 N2 之间的网络出现故障

上面的过程说明了要满足分区容错性，只能在一致性和可用性中选择一个。也就是说，分布式系统不可能同时满足三个特性，这就需要在搭建系统时进行取舍。

2.4.3 取舍策略

（1）CA without P

如果不要求满足分区容错性，则 C（一致性）和 A（可用性）是可以保证的。但放弃 P 的同时也意味着分布式节点受限，无法部署子节点，这是违背分布式系统设计初衷的。

（2）CP without A

如果不要求满足可用性，则每个请求都需要在服务器之间保持一致，而 P（分区容错性）会导致同步时间无限延长（只有数据同步完才能正常访问），一旦发生网络故障或消息丢失等情况，就要牺牲用户的体验，等待所有数据全部一致后再让用户访问系统。

这样的系统其实不少，最典型的就是分布式数据库，例如 Redis、HBase 等。对于这些分布式数据库来说，数据一致性是最基本的要求。

（3）AP wihtout C

要满足可用性和分区容错性，就要放弃一致性。一旦发生分区，节点之间可能会失去联系。为了满足可用性，每个节点只能用本地数据提供服务，这样会导致全局数据不一致。典型的应用场景是在电子商务平台上抢购商品，可能前几秒浏览商品时页面提示有库存，当选择完商品准备下单时，系统却提示下单失败，商品已售完。这其实就是先在 A（可用性）方面保证系统可以正常服务，然后在 C（一致性）方面做出牺牲，虽然会影响用户体验，但不会造成购物流程严重阻塞。

如今，多数大型互联网应用主机众多、部署分散，而且集群规模越来越大，节点越来越多，节点故障、网络故障是常态，因此分区容错性成为分布式系统必然要满足的特性。那么就只能在 C 和 A 之间进行取舍。

但是，传统的项目可能有所不同。以银行的转账系统为例，必须保证数据一致性。出现网络故障时，可以在 A 和 P 之间进行取舍。总而言之，没有最好的策略，要根据业务场景来进行架构设计，只有适合的才是最好的。

习　　题

1. 什么是分布式系统及分布式计算架构？
2. 简述分布式文件系统的系统需求和系统架构。
3. 简述 CAP 定理。

第 3 章　大数据处理框架 Hadoop

Hadoop 是一个开源的、可运行于大规模集群上的分布式计算平台，是大数据开发的一个核心框架，允许用户使用简单的编程模型跨计算机集群分布式处理大型数据集。借助 Hadoop，程序员可以轻松地编写分布式并行程序，将其运行于计算机集群上，完成海量数据的存储与处理。Hadoop 的设计目的不是依靠硬件提供高可用性，而是在应用层检测和处理故障。

本章主要介绍 Hadoop 的相关知识，内容要点如下。
- Hadoop 简介
- Hadoop 生态系统
- Hadoop 的安装与使用

3.1　Hadoop 简介

3.1.1　Hadoop 概述

Hadoop 是 Apache 软件基金会开发的分布式系统基础架构。Hadoop 是基于 Java 语言开发的，具有很好的跨平台特性，并且可以部署在廉价的计算机集群上。

Hadoop 的核心是 Hadoop 分布式文件系统（Hadoop Distributed File System，HDFS）和 MapReduce。

（1）Hadoop 分布式文件系统

HDFS 是谷歌文件系统（Google File System，GFS）的开源实现，是面向普通硬件环境的分布式文件系统，具有较高的读写速度、很好的容错性和可伸缩性，支持大规模数据的分布式存储，冗余数据存储的方式很好地保证了数据的安全性。

（2）MapReduce

MapReduce 允许用户在不了解分布式系统底层细节的情况下开发并行应用程序。采用 MapReduce 整合分布式文件系统中的数据，可以保证分析和处理数据的高效性。借助 Hadoop，程序员可以轻松地编写分布式并行程序，并将其运行于廉价的计算机集群上，完成海量数据的存储与计算。

3.1.2　Hadoop 的发展

Hadoop 的雏形是 2002 年由 Apache 发布的 Nutch。Nutch 是一个由 Java 实现的、开放源代码的搜索引擎，它提供了我们运行自己的搜索引擎所需的全部工具，包括全文搜索和网络爬虫。

2003 年，Google 公司发表了 *The Google File System* 论文。GFS 是 Google 公司为了存储海量搜索数据而设计的专用文件系统。

2004 年，Nutch 创始人 Doug Cutting 基于 Google 的 *The Google File System* 论文实现了分布式文件存储系统，名为 NDFS。

2004 年，Google 公司发表了 *MapReduce:Simplified Data Processing on Large Clusters* 论文。MapReduce 是一个编程模型，用于大规模数据集（大于 1TB）的并行分析。

2005 年，Doug Cutting 又基于 MapReduce 在 Nutch 搜索引擎中实现了相同的功能。

2006 年，Yahoo 公司雇佣了 Doug Cutting，Doug Cutting 将 NDFS 和 MapReduce 升级，并命名为 Hadoop。

2008 年 1 月，Hadoop 成为 Apache 顶级项目。

2008 年 6 月，Hadoop 的第一个 SQL 框架——Hive 成为了 Hadoop 的子项目。

2009 年 7 月，MapReduce 和 HDFS 成为 Hadoop 的独立子项目。

2009 年 7 月，Avro 和 Chukwa 成为 Hadoop 的新子项目。

2010 年 5 月，Avro 脱离 Hadoop，成为 Apache 顶级项目。

2010 年 5 月，HBase 脱离 Hadoop，成为 Apache 顶级项目。

2010 年 9 月，Hive 脱离 Hadoop，成为 Apache 顶级项目。

2010 年 9 月，Pig 脱离 Hadoop，成为 Apache 顶级项目。

2010 年—2011 年，扩大的 Hadoop 社区建立了大量新组件（Crunch、Sqoop、Flume、Oozie 等）来扩展 Hadoop 的使用场景和可用性。

2011 年 12 月，Hadoop 1.0.0 版本发布，标志着 Hadoop 已经初具生产规模。

2012 年 5 月，Hadoop 2.0.0-alpha 版本发布。与之前的 Hadoop 1.X 系列相比，Hadoop 2.X 版本加入了 YARN，YARN 成为了 Hadoop 的子项目。

2012 年 10 月，Impala 加入 Hadoop 生态圈。

2013 年 10 月，Hadoop 2.0.0 版本发布，标志着 Hadoop 正式进入 MapReduce 2.0 时代。

2014 年 2 月，Spark 开始代替 MapReduce 成为 Hadoop 的默认执行引擎，并成为 Apache 顶级项目。

2017 年 12 月，继 Hadoop 3.0.0 的四个 Alpha 版本和一个 Beta 版本后，第一个可用的 Hadoop 3.0.0 版本发布。

3.1.3　Hadoop 的特征

① 高可靠性。采用冗余数据存储方式，即使有一个副本发生故障，其他副本也可以保证正常对外提供服务。

② 高可扩展性。Hadoop 集群可以方便地添加机器节点，从而提高整体数据处理能力。

③ 高性能。相较于传统 BI 挖掘软件，Hadoop 的性能更优异。

④ 低成本。Hadoop 是开源的，不需要支付任何费用即可下载使用。另外，Hadoop 集群可以部署在普通计算机上，不需要部署在价格昂贵的小型机上，能大大降低运营成本。

⑤ 支持多种平台。Hadoop 支持 Windows、GNU 等操作系统。

⑥ 支持多种编程语言。Hadoop 上的应用程序可以使用 Java、C++、Python 等语言编写。

3.2　Hadoop 生态系统

随着应用的不断深入，Hadoop 也在不断完善和发展，Hadoop 各个版本的主要特点如下。

在 Hadoop 1.X 中，NameNode 节点有且只有一个，虽然可以通过 SecondaryNameNode 进行主节点数据备份，但是存在延时，会造成资源数据缺失。Hadoop 1.X 中的 MapReduce 是简单的主从结构，由一个主节点（JobTracker）和多个从节点（TaskTracker）组成，而且在 Hadoop 1.X 中 JobTracker 既要负责任务调度，还要负责资源分配，任务繁重，存在单点故障风险。

Hadoop 2.X 增加了 HDFS 高可用机制，解决了 Hadoop 1.X 的单点故障问题，可进行 Standby NameNode 的热备份。Hadoop 2.X 增加了 HDFS 联邦（Federation）机制，支持多个 NameNode 同时运行，每个 NameNode 分管一批目录，然后共享所有 DataNode 的存储资源，从而解决了 Hadoop 1.X 中单个 NameNode 节点内存受限的问题。

虽然 Hadoop 2.X 的 HDFS 架构发生了一些变化，但是使用方式不变，Hadoop 1.X 中相关的命令与 API 仍然可以继续使用。Hadoop 2.X 中增加了 YARN 框架，针对 Hadoop 1.X 中 JobTracker 压力太大的缺陷，利用 ResourceManager 在 NameNode 上进行资源管理调度，利用 ApplicationMaster 进行任务管理和任务监控，由 NodeManager 替代 TaskTracker 执行具体任务。Hadoop 1.X 与 Hadoop 2.X 的架构对比如图 3-1 所示。

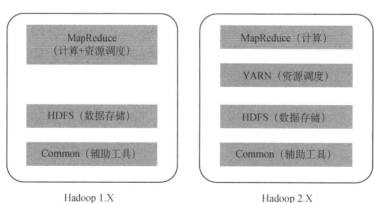

图3-1　Hadoop 1.X 与 Hadoop 2.X 的架构对比

Hadoop 3.X 主要增加了一些性能上的优化和支持：Java 运行环境升级为 JDK 1.8，对低版本的 Java 不再支持；支持数据的擦除编码，提高了存储空间的使用率；改变了一些默认端口；进行了一些 MapReduce 的优化。

Hadoop 的核心是 HDFS、MapReduce 和 YARN。除此之外，Hadoop 生态系统还包括 ZooKeeper、HBase、Hive、Pig、Mahout、Sqoop、Flume、Ambari 等组件，如图 3-2 所示。

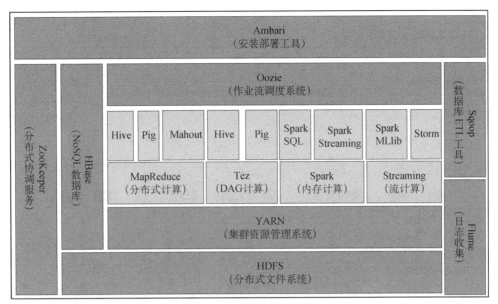

图3-2　Hadoop 生态系统

3.2.1　Hadoop 分布式文件系统

Hadoop 分布式文件系统（Hadoop Distributed File System，HDFS）是 Hadoop 的核心组件，通过分布式计算对海量数据进行存储与管理。它是一个高度容错的系统，能检测和应对硬件故障，用于在低成本的通用硬件上运行。HDFS 简化了文件的一致性模型，通过流式数据访问方式提供高吞吐量应用程序数据访问功能，适合有大型数据集的应用程序。

HDFS 的架构如图 3-3 所示。

① HDFS Client。HDFS Client 的作用是：切分文件；访问 HDFS；与 NameNode 进行交互，获取文件位置信息；与 DataNode 进行交互，读取和写入数据。

② NameNode。Hadoop 1.X 中只有一个 NameNode，用于管理 HDFS 的名称空间和数据块映射信息、配置副本策略、处理用户端请求。对于大型集群，Hadoop 1.X 存在以下两个最大的缺陷。

缺陷一：单个 NameNode 节点内存受限。

缺陷二：NameNode 的单点故障问题。

Hadoop 2.X 针对缺陷一提出了 Federation NameNode 方案，通过多个 NameNode 实现多个命名空间，来实现 NameNode 的横向扩张，从而减轻单个 NameNode 的内存问题。针对缺陷二，Hadoop 2.X 提出了两个 NameNode 的方案，一个处于 Standby 状态，另一个处于 Active 状态。

③ DataNode。DataNode 用于存储实际数据，向 NameNode 汇报存储信息。

④ SecondaryNameNode。SecondaryNameNode 用于辅助 NameNode，分担其工作量；在紧急情况下，辅助恢复 NameNode。

目前，在硬盘不坏的情况下，我们可以通过 SecondaryNameNode 恢复 NameNode。

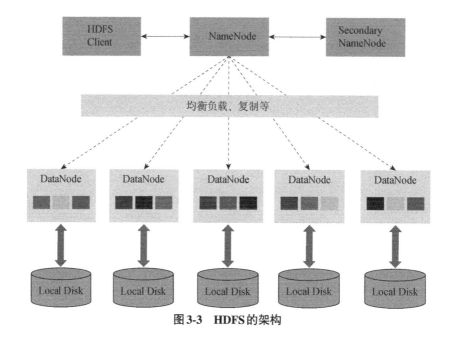

图 3-3　HDFS 的架构

3.2.2　分布式计算框架 MapReduce

MapReduce 是一种计算模型，用来进行大数据量的计算。MapReduce 把并行计算过程高度抽象为两个函数，一个是 Map，另一个是 Reduce。Map 函数是"分而治之"中的"分"，Reduce 函数是"分而治之"中的"治"。

MapReduce 把一个存储在分布式文件系统中的大规模数据集切分成许多独立的小数据集，然后分配给多个 Map 任务处理。Map 任务的输出数据会被进一步处理成 Reduce 任务的输入数据，最后由 Reduce 任务进行汇总，然后上传到分布式文件系统中。

Map 函数：Map 函数会将小数据集转换为适合输入的<Key,Value>对（键值对）形式，然后处理成一系列具有相同 Key 的<Key,Value>对作为输出数据。

Reduce 函数：Reduce 函数会把 Map 函数的输出数据作为输入数据，然后提取具有相同 Key 的元素进行操作，最后的输出结果也是<Key,Value>对的形式，并合并成一个文件。

3.2.3　资源管理框架 YARN

Hadoop 2.X 在原来的基础上引入了新的框架 YARN（Yet Another Resource Negotiator）。YARN 负责集群资源管理和任务调度。MapReduce 的功能变得单一，运行于 YARN 之上，只负责进行数据计算。由于 YARN 具有通用性，因此 YARN 也可以作为其他计算框架（例如 Spark、Storm 等）的资源管理系统。

YARN 的基本思想是将 JobTracker 的两个主要功能（资源管理和任务调度）分离，主要方法是创建一个全局的 ResourceManager（RM）和若干针对应用程序的 ApplicationMaster（AM）。YARN 的基本架构如图 3-4 所示。

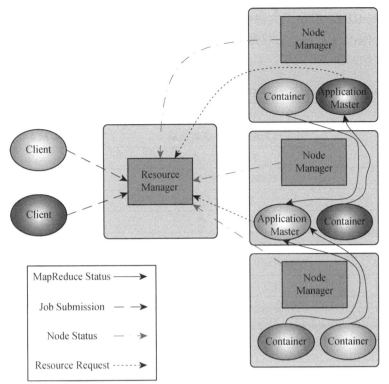

图3-4　YARN 的基本架构

ResourceManager 主要负责所有应用程序的资源分配。

ApplicationMaster 主要负责每个任务的任务调度，也就是说每个任务都对应一个 Application Master。

NodeManager 用于接收 ResourceManager 和 ApplicationMaster 的命令来实现资源分配。

ResourceManager 在接收到 Client 的任务提交请求之后，会分配一个 Container。这里需要说明的是，ResourceManager 分配资源时是以 Container 为单位的。第一个被分配的 Container 会启动 ApplicationMaster，它主要负责任务调度。ApplicationMaster 启动之后会直接跟 Node Manager 通信。

在 YARN 中，资源管理由 ResourceManager 和 NodeManager 共同完成，ResourceManager 中的调度器负责资源分配，NodeManager 负责资源的供给和隔离。ResourceManager 将某个 NodeManager 上的资源分配给任务（这就是所谓的"资源调度"）后，NodeManager 按照要求为任务提供相应的资源，甚至保证这些资源具有独占性，为任务运行提供基础的保证，这就是所谓的"资源隔离"。

3.2.4　分布式列存储数据库 HBase

HBase 是一个开源的、分布式的、非关系型的列式数据库。正如 BigTable 利用了 GFC 提供的分布式数据存储功能，HBase 在 Hadoop 的 HDFS 之上提供了类似于 BigTable 的功能。HBase 是一个针对结构化数据的分布式数据库。和传统关系型数据库不同，HBase 采用了 BigTable 的数据模型：增强的稀疏排序映射表（Key/Value）。其中，Key 由行关键字、列关键字和时间戳构成。HBase 提供了大规模数据的随机、实时读写和访问功能，HBase 中保存的数据可以通过 MapReduce 处理，它将数据存储和并行计算完美地结合在一起。HBase 与传统关系型数据库的区别如表 3-1 所示。

表 3-1 HBase 与传统关系型数据库的区别

类别	HBase	传统关系型数据库
硬件架构	分布式集群，硬件成本低廉	传统多核系统，硬件成本昂贵
数据库大小	PB 级别	GB、TB 级别
数据分布方式	稀疏的、多维的	以行和列组织
数据类型	字符串	丰富的数据类型
数据查找	增、删、改、查	各种各样的函数与表连接
存储模式	基于列式存储	基于表结构与行式存储
数据修改	更新后可以保留之前的版本	保留最新版本
事务支持	只支持单个行级别	对行和表全面支持
可伸缩性	可轻易增加节点，兼容性高	需要中间层，牺牲了功能
查询语言	可使用 Java API，结合其他框架	SQL
吞吐量	百万次查询/秒	数千次查询/秒
索引	只支持行键（除非结合其他技术，如 Hive）	支持

HBase 表的特点如下。

① 大。一个表可以有数十亿行、上百万列。

② 无模式。每行都有一个可排序的行键和任意多个列，可以根据需要动态增加列，同一张表中不同的行可以有不同数量的列。

③ 面向列。面向列的存储和权限控制，支持列独立检索。

④ 稀疏。空列并不占用存储空间，表可以设计得非常稀疏。

⑤ 数据多版本。数据可以有多个版本，默认情况下自动分配版本号，是单元格插入时的时间戳。

⑥ 数据类型单一。HBase 中的数据都是字符串。

3.2.5　基于 Hadoop 的数据仓库 Hive

Hive 是一个基于 Hadoop 的数据仓库，使用 SQL 语句读、写、管理大型分布式数据集。Hive 可以将 SQL 语句转化为 MapReduce 任务，大大降低了 Hadoop 的使用门槛，降低了开发 MapReduce 程序的时间成本。

3.2.6　分布式协作服务 ZooKeeper

ZooKeeper 是一个分布式的、开放源码的分布式应用程序协调服务，主要用于解决分布式集群中应用系统的一致性问题。它能提供类似于文件系统的目录节点树存储方式，主要用途是维护和监控所存储的数据的状态变化，以实现对集群的管理，主要解决分布式环境下的统一命名、状态同步、集群管理、配置同步等问题。

ZooKeeper 集群由一组服务器（Server）节点组成，这些服务器节点中有一个节点的角色为 Leader，其他节点的角色为 Follower。当用户端（Client）连接到 ZooKeeper 集群并执行写入请求时，这些请求首先会被发送给 Leader 节点。Leader 节点接收到请求后，首先将数据写入本地磁盘中。当所有数据被写入本地磁盘中后，会将数据变更同步到内存中，以加快数据读取速度，最后 Leader 节点上的数据变更会同步（广播）到集群中的其他 Follower 节点上。当 Leader 节点发生故障而失效时，Follower 节点会快速响应，在消息层重新选出一个 Leader 节点来处理用户端的请求。ZooKeeper 集群的总体架构如图 3-5 所示。

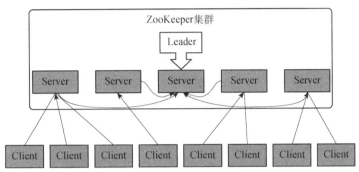

图 3-5　ZooKeeper 集群的总体架构

3.2.7　日志收集工具 Flume

Flume 是一个高可用的、高可靠的、分布式的海量日志采集、聚合和传输系统，用于从不同的源中收集、聚合大量日志数据，最终存储到数据中心中。数据源是可定制的，因此 Flume 可以用于传输大量数据，包括但不限于网络流量数据、社交媒体数据、电子邮件数据和几乎所有可能的数据源。同时，Flume 数据流提供对日志数据进行简单处理的功能，如过滤、格式转换等。

Flume 的最小独立运行单位是 Agent。Agent 是一个 JVM 进程，运行在日志收集节点（服务器节点）上，包含三个组件——Source（源）、Channel（通道）、Sink（接收地）。数据可以从外部数据源中流入这些组件中，然后再输出到目的地。Flume 单节点架构如图 3-6 所示。

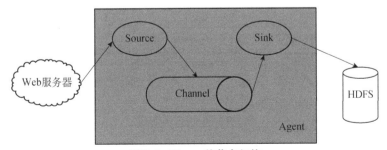

图 3-6　Flume 单节点架构

Flume 传输数据的基本单位是 Event（如果是文本文件，通常是一行记录），Event 包括 Event 头和 Event 体。Event 头是一些 <Key,Value> 对，存储在 Map 集合中，用于传递与 Event

体不同的额外信息。Event 体用于存储实际要传递的数据。Event 的结构如图 3-7 所示。

图 3-7　Event 的结构

Event 从 Source 流向 Channel，再流向 Sink，最终输出到目的地。Event 的流向如图 3-8 所示。

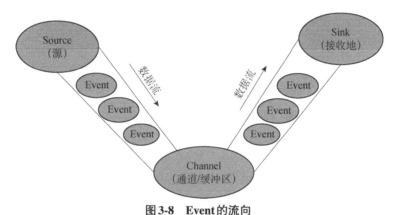

图 3-8　Event 的流向

3.2.8　数据同步工具 Sqoop

Sqoop 是 SQL-to-Hadoop 的缩写，Sqoop 是一种用于在 Hadoop 和关系型数据库之间传输数据的工具。使用 Sqoop 可以将数据批量从关系型数据库中导入 Hadoop 分布式文件系统（HDFS）及相关系统（如 HBase 和 Hive）中，也可以把 Hadoop 分布式文件系统及相关系统中的数据导出到关系型数据库中，如图 3-9 所示。

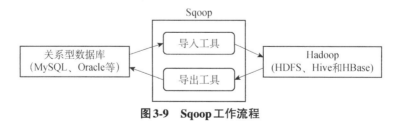

图 3-9　Sqoop 工作流程

3.2.9　Ambari

Ambari 是一种基于 Web 的工具，支持 Hadoop 集群的安装、部署、配置和管理。Ambari

支持大多数 Hadoop 组件，包括 HDFS、MapReduce、Hive、Pig、HBase、ZooKeeper、Sqoop 等。

3.3　Hadoop 的安装与使用

在开始具体操作之前，需要先选择一个合适的操作系统。尽管 Hadoop 本身可以运行在 Linux、Windows 以及类 UNIX 操作系统（如 FreeBSD、OpenBSD、Solaris 等）上，但是 Hadoop 官方真正支持的操作系统只有 Linux。这就导致在其他系统上运行 Hadoop 时，往往需要安装其他包来提供一些 Linux 操作系统的功能。

这里以 Linux 操作系统为例，演示在计算机上如何安装 Hadoop 并运行程序。对于正在使用 Windows 操作系统的用户，可以通过在 Windows 操作系统中安装 Linux 虚拟机来完成实验。这里以免费的 Ubuntu 桌面版为例进行讲解，读者可以到网络上下载 Ubuntu 系统镜像文件进行安装。

Hadoop 的安装和配置主要有以下 5 个步骤。

① 创建 Hadoop 用户。

② 安装 Java。

③ 配置 SSH。

④ 单机模式安装与配置。

⑤ 伪分布式模式安装与配置。

下面介绍具体操作方法，这里使用的是 Ubuntu 16.04，Hadoop 版本为 2.7.7。

3.3.1　安装准备工作

为方便操作，创建一个名为 Hadoop 的用户来运行程序，这样可以使不同用户之间有明确的权限区别，同时可以使 Hadoop 的配置操作不影响其他用户。

第一步，使用快捷键 Ctrl + Alt + T 打开终端。

第二步，使用 sudo -s -H（或 sudo su - root 和 sudo su）命令进入 root 用户。

第三步，创建一个名为 Hadoop 的用户。

```
sudo useradd -m Hadoop -s /bin/bash
```

第四步，将 Hadoop 用户的密码设为 Hadoop，即用户名和密码相同，注意输入密码时终端不会显示所输入的密码。

```
sudo passwd Hadoop
```

第五步，为 Hadoop 用户增加管理员权限，以方便部署。

```
sudo adduser Hadoop sudo
```

第六步，注销当前系统的登录账户，返回 Linux 系统的登录界面，选择 Hadoop 用户并输入密码进行登录。

3.3.2　配置 SSH

安全外壳协议（Secure Shell，SSH）是建立在应用层和传输层基础上的安全协议。SSH 是目前较可靠的、专为远程登录会话和其他网络服务保证安全性的协议。利用 SSH 可以有效防止远程管理过程中的信息泄露问题。SSH 最初是 UNIX 操作系统上的一个程序，后来迅速扩展到了其他操作系统上。SSH 由用户端和服务器端的软件组成。服务器端是一个守护进程，它在后台运行并响应来自用户端的连接请求。

一般情况下，Linux 系统默认安装 SSH 用户端，因此还需要安装 SSH 服务器端。在 Linux 系统的终端中执行以下命令。

```
sudo apt-get install openssh-server
```

安装后，使用以下命令登录本机。

```
ssh Hadoop@localhost
```

或：

```
ssh localhost
```

执行命令后会出现首次登录提示信息，输入"yes"，然后按照提示输入密码"Hadoop"即可。

也就是说，我们在本机上登录 Linux 系统后，在终端中输入的每条命令都是直接提交给本机执行的，然后我们在本机上通过 SSH 登录本机，这时在终端中输入的命令是通过 SSH 方式提交给本机处理的。如果换成包含两台独立计算机的场景，SSH 方式登录就更容易理解。例如，计算机 A 和 B 都安装了 Linux 系统，计算机 B 上安装了 SSH 服务器端，计算机 A 上安装了 SSH 用户端，计算机 B 的 IP 地址是 59.77.16.33，在计算机 A 上执行命令 ssh 59.77.16.33，就可以通过 SSH 方式登录计算机 B 的 Linux 系统，在计算机 A 的 Linux 终端中输入的命令都会提交给计算机 B 的 Linux 系统执行，也就是说可以在计算机 A 上操作计算机 B 的 Linux 系统。本节介绍的登录方式相当于计算机 A 和 B 在同一台机器上。

这样的登录方式每次都需要输入密码，所以配置成 SSH 无密码登录方式比较方便。在 Hadoop 集群中，NameNode 要登录某台机器（数据节点）时，也不可能人工输入密码，所以也需要设置成 SSH 无密码登录方式，步骤如下。

① 输入命令 logout 或 exit 退出 SSH，回到原来的终端窗口。

② 通过以下命令进入.ssh/目录。

```
cd ~/.ssh/
```

③ 通过以下命令生成公钥（id_rsa.pub）和私钥（id_rsa）。

```
ssh-keygen -t rsa
```

④ 通过以下命令将公钥写入 authorized_keys 文件中。

```
cat ./id_rsa.pub >> ./authorized_keys
```

⑤ 执行 ssh localhost 命令，无须密码就能直接登录。

3.3.3　安装 Java

下面介绍两种安装方式，建议读者优先选择第一种安装方式，如果第一种方式安装失败则选择第二种方式。

（1）第一种安装方式（OpenJDK）

① 在联网状态下，通过以下命令安装 OpenJDK 8。

```
sudo apt-get install openjdk-8-jre openjdk-8-jdk
```

② 安装好 OpenJDK 后，要找到相应的安装路径，这个路径用于配置 JAVA_HOME 环境变量。一般情况下，JDK 的包在/usr/lib/jvm 路径下。我们可以发现，/usr/lib/jvm 路径下有一个 java-8-openjdk-amd64 文件夹，这就是我们要安装的 JDK 包，所以安装路径是/usr/lib/jvm/java-8-openjdk-amd64。

③ 接下来需要配置 JAVA_HOME 环境变量。方便起见，这里直接在.bashrc 文件中进行配置。这种配置方式只对当前登录的单个用户生效,当该用户登录后以及每次打开新的 Shell 时，环境变量配置文件.bashrc 会被读取。在 Linux 终端上输入以下命令打开当前登录用户的.bashrc 文件。

```
vim ~/.bashrc
```

在文件开头添加以下内容（注意：等号前后不能有空格），然后保存并退出。

```
export JAVA_HOME=/usr/lib/jvm/java-8-openjdk-amd64
```

④ 执行以下命令使环境变量立即生效。

```
source ~/.bashrc
```

⑤ 最后，检验是否安装正确。执行以下命令，检验 JAVA_HOME 环境变量，会发现输出结果和刚才配置的一样，是/usr/lib/jvm/java-8-openjdk-amd64。

```
echo $JAVA_HOME
```

执行以下命令检验 Java 版本信息，如果配置正确，则两条命令的输出结果相同。

```
java -version
$JAVA_HOME/bin/java -version
```

（2）第二种安装方式（JDK）

① 在联网状态下，通过以下命令安装 JDK。

```
sudo apt-get install default-jre default-jdk
```

② JDK 的安装路径为/usr/lib/jvm/default-java。

③ 配置 JAVA_HOME 环境变量。在 Linux 终端上输入以下命令，打开当前登录用户的环境变量配置文件.bashrc。

```
vim ~/.bashrc
```

在文件开头添加以下命令（注意：等号前后不能有空格），然后保存并退出。

```
export JAVA_HOME=/usr/lib/jvm/default-java
```

④ 执行以下命令使环境变量立即生效。

```
source ~/.bashrc
```

⑤ 最后，检验是否安装正确。检验方法与第一种安装方式相同。

```
$JAVA_HOME/bin/java -version
```

3.3.4　Hadoop 安装、配置及使用

Hadoop 有以下 3 种安装模式。

① 单机模式。只在一台机器上运行，采用本地文件系统存储，不采用 HDFS 存储。

② 伪分布式模式。采用 HDFS 存储，但 HDFS 的 NameNode 和 DataNode 在同一台机器上。

③ 完全分布式模式。采用 HDFS 存储，HDFS 的 NameNode 和 DataNode 不在同一台机器上。

本书主要介绍单机模式和伪分布式模式，安装步骤如下。

（1）下载安装文件

这里下载 Hadoop 2.7.7 作为示例，读者也可选择下载其他版本。

① 进入 Hadoop 官网，下载 Hadoop 2.7.7.tar.gz 安装文件。

② 打开 Linux 终端，进入安装文件所在的目录，通过以下命令将安装文件解压并保存到 /usr/local/目录下。

```
sudo tar -zxf Hadoop 2.7.7.tar.gz -C /usr/local/
```

③ 进入/usr/local/目录下，通过以下命令修改文件夹名。

```
sudo mv ./Hadoop 2.7.7/ ./hadoop/
```

④ 通过以下命令对当前登录用户进行授权，使其拥有./hadoop/目录的权限。

```
sudo chown -R 用户名 ./hadoop/
```

⑤ 进入/usr/local/hadoop/目录下，通过以下命令检查安装的 Hadoop 是否可用。如果可用，则会显示 Hadoop 的版本信息。

```
./bin/hadoop version
```

（2）单机模式

Hadoop 的默认安装模式为单机模式，无须进行其他配置即可运行。Hadoop 附带了丰富的实例。进入/usr/local/hadoop/目录下，运行以下命令即可查看所有实例。

```
./bin/hadoop jar ./share/hadoop/mapreduce/Hadoop mapreduce-examples-2.7.7.jar
```

运行上述命令后，会显示所有实例的简介。这里选择运行 grep 实例，先在/usr/local/hadoop/目录下创建 input 文件夹，并复制一些配置文件到该文件夹中；然后运行 grep 实例，将 input 文件夹中的所有文件作为 grep 实例的输入来源，让 grep 实例从所有文件中筛选出符合正则表达式"dfs[a-z.]+"的单词，并统计单词出现的次数；最后把统计结果输出到/usr/local/hadoop/output 文件夹中。完成上述操作的具体命令如下。

① 进入/usr/local/hadoop/目录下。

```
cd /usr/local/hadoop/
```

② 创建 input 文件夹。

```
mkdir input
```

③ 将配置文件复制到 input 文件夹中。

```
cp ./etc/hadoop/*.xml ./input
```

④ 运行 grep 实例。

```
./bin/hadoop jar ./share/hadoop/mapreduce/Hadoop mapreduce-examples-2.7.7.
jar grep ./input ./output 'dfs[a-z.]+'
```

⑤ 查看运行结果。

```
cat ./output/*
```

输出的结果是符合正则表达式的单词 dfsadmin，该单词出现了一次。

```
1    dfsadmin
```

需要注意的是，Hadoop 默认不覆盖结果文件，因此再次运行上面的实例时会提示出错。如果要再次运行，需要先使用以下命令把 output 文件夹删除。

```
rm -r ./output/
```

（3）伪分布式模式

Hadoop 可以在单个节点（一台机器）上以伪分布式模式运行。同一个节点既作为名称节点（NameNode），也作为数据节点（DataNode），读取的是 HDFS 中的文件。

当 Hadoop 应用于集群时，不论是伪分布式模式还是完全分布式模式，都需要通过配置文件对各组件的协同工作进行设置，最重要的几个配置文件如下。

● hadoop env.sh：配置 Hadoop 运行所需的环境变量，以运行 Hadoop。

● yarn-env.sh：配置 YARN 运行所需的环境变量。

● core-site.xml：Hadoop 的核心全局配置文件，可在其他配置文件中引用该文件。

● hdfs-site.xml：HDFS 配置文件，继承 core-site.xml 配置文件，可修改 Hadoop 守护进程的配置项，包括 NameNode、SecondaryNameNode 和 DataNode 等。

● mapred-site.xml：MapReduce 配置文件，继承 core-site.xml 配置文件，包括 JobTracker 和 TaskTracker。

● yarn-site.xml：YARN 配置文件，继承 core-site.xml 配置文件。

① 修改配置文件。

必须修改配置文件，才能让 Hadoop 在伪分布式模式下顺利运行。Hadoop 的配置文件位于/usr/local/hadoop/etc/hadoop/目录下，进行伪分布式模式配置时，需要修改 2 个配置文件，即 core-site.xml 和 hdfs-site.xml。

打开 Linux 终端，进入/usr/local/hadoop/etc/hadoop/目录下，使用 Vim 编辑器打开 core-site.xml 文件，它的初始内容如下。

```
<configuration>
```

```
</configuration>
```

我们需要对它进行修改，修改后的文件内容如下。

```
<configuration>
    <property>
        <name>hadoop.tmp.dir</name>
        <value>file:/usr/local/hadoop/tmp</value>
        <description>Abase for other temporary directories.</description>
    </property>
    <property>
        <name>fs.defaultFS</name>
        <value>hdfs://localhost:9000</value>
    </property>
</configuration>
```

hadoop.tmp.dir 参数用于保存临时文件。若没有配置这个参数，则默认使用的临时目录为 /tmp/hadoop/，而这个目录在 Hadoop 重启时有可能被系统清理掉，导致一些"意想不到"的问题，因此必须配置这个参数。

fs.defaultFS 参数用于指定 HDFS 的访问地址，其中 9000 是端口号。

同样，需要修改配置文件 hdfs-site.xml，修改后的文件内容如下。

```
<configuration>
    <property>
        <name>dfs.replication</name>
        <value>1</value>
    </property>
    <property>
        <name>dfs.namenode.name.dir</name>
        <value>file:/usr/local/hadoop/tmp/dfs/name</value>
    </property>
    <property>
        <name>dfs.datanode.data.dir</name>
        <value>file:/usr/local/hadoop/tmp/dfs/data</value>
    </property>
</configuration>
```

dfs.replication 参数用于指定副本的数量，因为在 HDFS 中数据会被冗余存储多份，以保证可靠性和可用性。我们采用的是伪分布式模式，只有一个节点，所以只有一个副本，因此设置 dfs.replication 参数的值为 1。

dfs.namenode.name.dir 参数用于设定 NameNode 的元数据保存目录。

dfs.datanode.data.dir 参数用于设定数据节点的数据保存目录。

② 名称节点格式化。

进入/usr/local/hadoop/目录下，通过以下命令进行名称节点格式化。

```
./bin/hdfs namenode -format
```

如果格式化成功，则会看到 has been successfully formatted 和 Exiting with status 0 的提示信息。如果出现 Exiting with status 1 的提示信息，则表示出现错误，如图 3-10 所示。

如果出现错误，要仔细查看错误提示信息。如果有下列错误信息，则说明在安装 Java 环境时，JAVA_HOME 环境变量未配置成功，需要重新配置。

```
Error: JAVA_HOME is not set and could not be found
```

图3-10　格式化提示信息

③ 启动 Hadoop。

进入/usr/local/hadoop/目录下，通过以下命令启动 Hadoop。

```
sudo apt-get install openssh-server
```

启动 Hadoop 的过程中可能出现以下警告信息，此时可以忽略这个警告信息。

```
WARN util.NativeCodeLoader: Unable to load native-hadoop library for your
platform*** using builtin-java classes where applicable WARN
```

如果启动 Hadoop 时遇到"ssh：Could not resolve hostname xxx"提示，则可以通过下列步骤配置 Hadoop 环境变量。

● 按 Ctrl + C 组合键中断启动过程。

● 使用 Vim 编辑器打开.bashrc 文件，在文件开头增加以下内容（设置过程与 JAVA_HOME 变量类似，其中 HADOOP_HOME 是 Hadoop 的安装目录）。

```
export HADOOP_HOME=/usr/local/hadoop
export _COMMON_LIB_NATIVE_DIR=$HADOOP_HOME/lib/native
```

● 保存文件后，通过以下命令使环境变量配置生效。

```
source ~/.bashrc
```

● 再次启动 Hadoop。

```
./sbin/start-dfs.sh
```

Hadoop 启动后，通过以下命令判断是否成功启动。

```
jps
```

若成功启动，会列出进程运行情况，如图 3-11 所示。

```
10848 NameNode
10982 DataNode
11750 SecondaryNameNode
13532 Jps
```

图3-11　进程运行情况

如果看不到 SecondaryNameNode 进程，则可以运行以下命令关闭 Hadoop 相关进程，然后再次尝试启动。

```
./sbin/stop-dfs.sh
```

如果看不到 NameNode 或 DataNode 进程，则表示配置不成功，仔细检查之前的步骤，或通过查看启动日志排查原因。

成功启动 Hadoop 后，可以运行 MapReduce 程序处理数据，此时对 HDFS 进行数据读写，而不对本地文件进行读写。

④ Hadoop 无法正常启动的解决方法。

可以通过查看启动日志来排查原因，启动日志信息记录在以下文件中。

```
/usr/local/hadoop/logs/Hadoop Hadoop NameNode-机器名称.log
```

每一次的启动日志都追加在日志文件末尾，所以需要在日志文件的末尾查看，根据日志记录的时间信息可以找到某次启动的日志信息。

找到本次启动的日志信息后，出错的提示信息一般在最后，通常写着 Fatal、Error、Warning 或者 Java Exception。读者可以在网络上搜索出错信息，寻找相关的解决方法。

如果启动后执行 jps 命令找不到 DataNode 进程，则表示数据节点启动失败，可尝试以下步骤（注意：这样会删除 HDFS 中的原有数据，如果原有数据很重要，请不要这样做，不过第一次启动时通常不会有重要数据）。

- 关闭 Hadoop。

```
./sbin/stop-dfs.sh
```

- 删除 tmp 文件（注意：这样会删除 HDFS 中的原有数据）。

```
rm -r ./tmp
```

- 重新格式化名称节点。

```
./bin/hdfs namenode -format
```

- 重启 Hadoop。

```
./sbin/start-dfs.sh
```

⑤ 使用 Web 界面查看 HDFS 信息。

Hadoop 成功启动后，可以在 Linux 系统中打开浏览器，在地址栏中输入 http://localhost:9870，查看名称节点和数据节点信息，还可以在线查看 HDFS 中的文件，如图 3-12 所示。

⑥ 运行 Hadoop 伪分布式实例。

在单机模式下，实例读取的是本地数据。但在伪分布式模式下，实例读取的是 HDFS 中的数据。在伪分布式模式下运行 grep 实例的步骤如下。

- 进入/usr/local/hadoop/目录下，通过以下命令在 HDFS 中创建用户目录。

```
./bin/hdfs dfs -mkdir -p /user/当前登录用户的用户名
```

- 在 HDFS 中创建用户对应的 input 文件夹。

```
./bin/hdfs dfs -mkdir input
```

- 把本地文件系统的/usr/local/hadoop/etc/hadoop/目录下的所有 xml 文件作为输入文件，复制到 HDFS 中的/user/hadoop/input/目录下。

图3-12   查看名称节点和数据节点信息

```
./bin/hdfs dfs -put ./etc/hadoop/*.xml input
```

● 查看/user/hadoop/input/目录下的文件列表。

```
./bin/hdfs dfs -ls input
```

● 运行 grep 实例。

```
./bin/hadoop jar ./share/hadoop/mapreduce/Hadoop mapreduce-examples-2.7.7.
jar grep input output 'dfs[a-z.]+'
```

● 查看 HDFS 中 output 文件夹的运行结果。

```
./bin/hdfs dfs -cat output/*
```

需要注意的是，Hadoop 默认不覆盖结果文件，因此再次运行上面的实例时会提示出错。如果要再次运行，则需要先使用以下命令删除 output 文件夹。

```
./bin/hdfs dfs -rm -r output
```

⑦ 关闭 Hadoop。

进入/usr/local/hadoop/目录下，通过以下命令关闭 Hadoop。

```
./sbin/stop-dfs.sh
```

需要注意的是，下次启动 Hadoop 时，无须进行名称节点格式化（否则会出错）。也就是说，不需要再次执行./bin/hdfs namenode-format 命令，每次启动 Hadoop 时直接运行./sbin/start-dfs.sh 命令即可。

⑧ 配置 PATH 环境变量。

在前面的章节中，启动 Hadoop 时要加上命令路径，例如./sbin/start-dfs.sh 这个命令中就带上了路径。实际上，通过配置 PATH 变量，可以在执行命令时不带上命令本身所在的路径。例如，打开一个 Linux 终端，在任何一个目录下执行 ls 命令时，都不需要带上 ls 命令的路径，这是因为 Linux 系统已经把 ls 命令的路径加入 PATH 环境变量中了，执行 ls 命令时系统根据 PATH 环境变量包含的目录位置逐一查找，直至在这些目录下找到匹配的程序（若没有匹配的程序，系统会提示该命令不存在）。

知道了这个原理后，同样可以把 start-dfs.sh 和 stop-dfs.sh 等命令所在的目录/usr/local/hadoop/sbin/加入 PATH 环境变量 中，这样在任何目录下都可以直接使用命令 start-dfs.sh 启动 Hadoop 而不用带上命令路径，具体操作方法如下。

- 使用 Vim 编辑器打开.bashrc 文件，然后在文件开头增加以下内容。

```
export PATH=$PATH:/usr/local/hadoop/sbin
```

如果要继续把其他命令的路径也加入 PATH 环境变量中，则需要继续修改.bashrc 文件。要继续加入新路径时，只要用冒号隔开，把新路径加到后面即可。例如，如果要把/usr/local/hadoop/bin 路径加入 PATH 环境变量中，则需要在末尾增加以下内容。

```
export PATH=$PATH:/usr/local/hadoop/sbin:/usr/local/hadoop/bin
```

- 执行以下命令使配置生效。

```
source ~/.bashrc
```

配置生效后，在任何目录下启动 Hadoop，只需要直接输入 start-dfs.sh 命令。同理，要关闭 Hadoop，只需要在任何目录下输入 stop-dfs.sh 命令。

习　题

1. linux 系统支持的文件格式有哪些？
2. Linux 的目录结构中的主要子目录的用途是什么？
3. 熟悉以下 Linux 系统的常用命令。
① 改变当前目录。

```
cd /home/hadoop        #把/home/hadoop设置为当前目录
cd ..                  #返回上一级目录
cd ~                   #进入当前Linux系统，登录用户的主目录（或主文件夹）
```

在 Linux 系统中，～代表的是用户的主文件夹，即"/home/用户名"目录，如果当前登录用户名为 hadoop，则～代表"/home/hadoop"目录。
② 查看文件与目录。

```
ls        #查看当前目录中的文件
ls -l     #查看文件和目录的权限信息
```

③ 建立子目录。

```
mkdir input             #在当前目录下创建input子目录
mkdir -p src/main/scala #在当前目录下创建多级子目录src/main/scala
```

④ 显示文件内容。

```
cat /proc/version        #查看Linux系统内核版本信息
cat /home/hadoop/word.txt #把/home/hadoop/word.txt文件的全部内容显示在屏幕上
```

```
cat file1 file2 > file3        #把当前目录下的file1和file2文件合并生成文件file3
```

⑤ 文件复制。

```
cp /home/hadoop/word.txt /usr/local/
#把/home/hadoop/word.txt文件复制到/usr/local/目录下
```

⑥ 删除子目录。

```
rm ./word.txt    #删除当前目录下的word.txt文件
rm - r ./test    #删除当前目录下的test目录及其中的所有文件
rm - r test*     #删除当前目录下所有以test开头的目录和文件
```

⑦ 将压缩文件解压。

```
tar -zxf ~/下载/spark-2.1.0.tgz -C /usr/local/
#把spark-2.1.0.tgz这个压缩文件解压到/usr/local/目录下
```

⑧ 将文件改名。

```
mv spark-2.1.0 spark     #把spark-2.1.0文件重新命名为spark
```

⑨ 设置文件所有者和文件关联组。

```
chown -R hadoop:hadoop ./spark
# hadoop是当前登录Linux系统的用户名,把当前目录下spark子目录的所有权限赋给用户hadoop
```

⑩ 查看本机 IP 地址。

```
ifconfig     #查看本机IP地址
```

⑪ 显示当前目录。

```
pwd          #显示当前目录在文件系统中的位置
```

⑫ 退出目前的 Shell。

```
exit         #退出并关闭Linux终端
```

第4章 Hadoop 分布式文件系统

大数据时代必须解决海量数据的高效存储问题。为此，谷歌开发了分布式文件系统 GFS（Google File System），通过网络实现文件在多台机器上的分布式存储，较好地满足了大规模数据存储的需求。Hadoop 分布式文件系统（Hadoop Distributed File System，HDFS）是 GFS 的开源实现，它是 Hadoop 的两大核心组成部分之一，提供了在廉价服务器集群中进行大规模分布式文件存储的功能。HDFS 有很好的容错能力，并且兼容廉价的硬件设备，以较低的成本利用现有机器实现海量数据的读写。

本章主要介绍 HDFS 的相关知识，内容要点如下。

- HDFS 简介
- HDFS 的设计原则
- HDFS 的核心概念
- HDFS 的体系结构
- HDFS 的存储原理
- HDFS 的数据读写流程
- HDFS 的编程实现

4.1 HDFS 简介

在现代的企业环境中，单机容量往往无法存储大量数据，需要跨机器存储。统一管理分布在集群上的文件的系统被称为分布式文件系统。一旦在系统中引入网络，就不可避免地引入了网络编程的复杂性。

传统的网络文件系统（Network File System，NFS）虽然也称为分布式文件系统，但是存在一些限制。NFS 的体系结构如图 4-1 所示。在 NFS 中，文件存储在单机上，因此无法提供可靠性保证。当很多用户端同时访问 NFS Server 时，很容易造成服务器压力和性能瓶颈。另外，如果要对 NFS 中的文件进行操作，首先要同步到本地，这些修改在同步到服务器端之前，对其他用户端是不可见的。

从某种程度上说，虽然 NFS 中的文件的确放在远端（单一）的服务器上，但它不是一种典型的分布式文件系统。

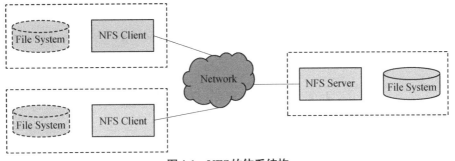

图 4-1　NFS 的体系结构

HDFS 是 Hadoop 抽象文件系统的一种实现。Hadoop 抽象文件系统可以与本地系统、Amazon S3 等集成，甚至可以通过 Web 协议来操作。HDFS 中的文件分布在集群机器上，同时提供副本进行容错及可靠性保证。例如，用户端写入/读取文件的操作是分布在集群中的各个机器上的，没有单点性能压力。

4.2　HDFS 的设计原则

4.2.1　设计目标

（1）存储非常大的文件

这里的"非常大"指的是 MB、GB，甚至 TB 级别。在实际应用中，有很多集群存储的数据达到了 PB 级别。

（2）采用流式数据访问方式

HDFS 最有效的数据处理模式是一次写入、多次读取。对于一组大规模的、连续不断产生的数据，HDFS 可以通过流式处理技术高效地获取和处理这些数据。

（3）运行于商用硬件上

Hadoop 可以在商用硬件上运行，也可以在低成本的硬件上进行部署。

4.2.2　HDFS 不适合的应用类型

（1）低延迟的数据访问

延迟要求为毫秒级别的应用不适合采用 HDFS。HDFS 是为高吞吐量数据传输设计的，因此可能牺牲延迟。

（2）大量小文件

文件的元数据（如目录结构、文件块的节点列表等）保存在 NameNode 的内存中，整个文件系统的文件数量受限于 NameNode 的内存大小。

就经验而言，1 个文件块一般占用 150 字节的元数据内存空间。如果有 100 万个文件，每个文件占用 2 个文件块，则需要大约 300MB 的内存空间。因此 10 亿级别的文件数量在现有的商用机器上难以支持。

（3）多方读写，需要修改任意文件

HDFS 采用追加（Append-Only）的方式写入数据，不支持多个写入器（Writer）。

4.3 HDFS的核心概念

4.3.1 块（Block）

物理磁盘中有"块"的概念，Block 是磁盘的最小操作单元，读写操作均以 Block 为最小单元，默认的 Block 大小是 128MB。文件系统在物理 Block 之上抽象出了另一层概念，文件系统的 Block 通常为几 KB。Hadoop 提供的 df、fsck 这类运维工具都是在文件系统的 Block 级别上进行操作的。

HDFS 的 Block 比一般单机文件系统大得多，默认为 128MB。HDFS 的文件被拆分成 Block 级别的小文件（Chunk）。Chunk 作为比 Block 小的文件，不会占用整个 Block，只会占用实际大小的内存空间。例如，如果一个文件大小为 1MB，则在 HDFS 中只占用 1MB 的空间，而不是 128MB。

HDFS 的 Block 之所以这么大，是为了最小化查找（Seek）时间，控制定位文件与传输文件所用的时间比例。假设定位 Block 所需的时间为 10ms，磁盘传输速度为 100MB/s。如果要将定位 Block 所用时间占传输时间的比例控制为 1%，则 Block 大小约为 100MB。如果将 Block 设置得过大，在 MapReduce 任务中，Map 或 Reduce 任务的个数小于集群机器数量时，就会使运行效率降低。

Block 有什么好处呢？Block 的拆分使单个文件的大小可以大于整个磁盘的容量，构成文件的 Block 可以分布在整个集群上。理论上，单个文件可以占据集群中所有机器的磁盘。

4.3.2 NameNode 和 DataNode

HDFS 集群由 NameNode 和 DataNode 构成 Master/Slaver（主/从）模式。NameNode 负责构建命名空间、管理文件的元数据等，而 DataNode 负责存储数据和读写工作。

（1）NameNode

NameNode 用于存放文件系统树及所有文件、目录的元数据。元数据持久化为 2 种形式：NameSpace Image 和 Edit Log。

但是持久化数据不包括 Block 所在的节点列表，以及文件的 Block 分布在集群中的哪些节点上，这些信息是在系统重启时重新构建的（通过 DataNode 汇报的 Block 信息）。在 HDFS 中，NameNode 可能成为集群的单点故障。当 NameNode 不可用时，整个文件系统是不可用的。HDFS 针对单点故障提供了以下 2 种解决机制。

① 备份持久化元数据。将文件系统的元数据同时写到多个文件系统中，例如同时将元数据写到本地文件系统及 NFS 中。

② SecondaryNameNode。SecondaryNameNode 定期合并主节点 NameNode 的 NameSpace

Image 和操作日志文件（Edit Log）。为避免操作日志文件过大，可通过创建检查点（CheckPoint）来合并，它会维护一个合并后的 NameSpace Image 副本，可用于在 NameNode 完全崩溃时恢复数据。

（2）DataNode

DataNode（数据节点）负责存储和提取 Block。读写请求可能来自 NameNode，也可能直接来自用户端。数据节点周期性地向 NameNode 汇报自己所存储的 Block 相关信息。

4.3.3　块缓存（Block Caching）

DataNode 通常直接从磁盘中读取数据，可以在内存中缓存频繁使用的 Block。任务调度器可以利用块缓存提升性能，例如 MapReduce 可以把任务运行在有块缓存的节点上。

4.3.4　HDFS 联邦（Federation）

NameNode 的内存会制约文件数量，HDFS Federation 提供了一种横向扩展 NameNode 的方式。在 Federation 模式中，每个 NameNode 管理命名空间的一部分，例如一个 NameNode 管理/uscr/目录下的文件，另一个 NameNode 管理/share/目录下的文件。每个 NameNode 管理一个命名空间卷（NameSpace Volumn），所有 Volumn 构成文件系统的元数据。所有 NameNode 共同维护一个数据块池（Block Pool），以保存 Block 的节点映射等信息。NameNode 之间是相互独立的，一个节点出现故障不会导致其他节点管理的文件不可用。用户端使用挂载表（Mount Table）将文件路径映射到 NameNode 中。Mount Table 在 NameNode 群组之上封装了一层，这一层也是一个 Hadoop 文件系统的实现。

4.3.5　HDFS 高可用性（High Availability）

由于 HDFS 只有一个元数据服务器 NameNode，因此会导致 HDFS 存在单点故障、单点内存不足等问题。将元数据同时写入多个文件系统中，以及定期创建检查点有利于防止数据丢失，但并不能提高可用性。

当 NameNode 发生故障时，常规的做法是用元数据备份重新启动一个 NameNode。元数据备份可能来源于多文件系统写入的备份或 SecondaryNameNode 的检查点文件。

启动新的 NameNode 之后，需要重新配置用户端和 DataNode 的 NameNode 信息。另外，重启一般耗时比较久，重启稍具规模的集群经常需要几十分钟甚至数小时。

4.4　HDFS 的体系结构

HDFS 是一个主/从（Master/Slaver）体系结构。从用户的角度来看，它就像传统文件系统一样，可以通过目录路径对文件系统执行增加（Create）、读取（Read）、更新（Update）和删除（Delete）操作。由于分布式存储的性质，HDFS 集群拥有一个 NameNode 和一些 DataNode。NameNode 用于管理文件系统的元数据，DataNode 用于存储实际数据。用户端通过与 NameNode 和 DataNode 的交互访问文件系统。用户端通过联系 NameNode 来获取文件的元数据，而真正的文件 I/O 操作是直接和 DataNode 进行交互的。HDFS 总体结构示意图如图 4-2 所示。

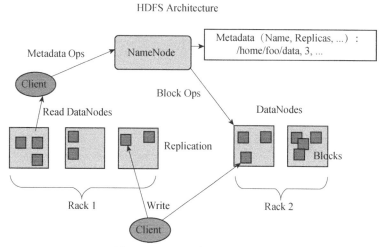

图 4-2　HDFS 总体结构示意图

4.4.1　HDFS 体系结构的优点

（1）处理超大文件

这里的"超大文件"通常是指 MB、GB 级别，甚至 TB 级别的文件。目前在实际应用中，HDFS 已经能用来存储 PB 级别的数据了。

（2）流式访问数据

HDFS 的设计建立在"一次写入、多次读写"的基础上。这意味着一个数据集一旦由数据源生成，就会被复制分发到不同的存储节点中，响应各种各样的数据分析任务请求。在多数情况下，分析任务会涉及数据集中的大部分数据。也就是说，对 HDFS 来说，读取整个数据集比读取一条记录更高效。

（3）运行在廉价的商用硬件集群上

Hadoop 对硬件的要求比较低，可以运行在廉价的商用硬件集群上，而无须昂贵的高可用性机器。这意味着大型集群中出现节点故障的概率非常高，这就要求设计 HDFS 时要充分考虑数据的可靠性、安全性。

4.4.2　HDFS 体系结构的缺点

（1）不适合低延迟数据访问

HDFS 是为了处理大型数据集的，是为了达到高吞吐量而设计的，这就可能以高延迟为代价。对于那些有低延迟要求的应用程序，HBase 是更好的选择。

（2）无法高效存储小文件

NameNode 把文件系统的元数据放置在内存中，所以文件系统能容纳的文件数量是由 NameNode 的内存大小决定的。当前，容纳数百万个文件是可行的，当扩展到数十亿个文件时，当前的硬件水平就无法实现了。

还有一个问题是，默认情况下，MapTask 的数量是由 Split 的大小决定的，所以用 MapReduce 处理大量小文件时会产生过多 MapTask，增加任务时间。例如，处理 10 000 MB 的文件时，若每个 Split 为 1MB，那么会有 10 000 个 MapTask，会有很大的线程开销；若每个 Split 为 100MB，则会有 100 个 MapTask，每个 MapTask 将会有更多的“事情”做，而线程的管理开销会减小。

（3）不支持多用户写入及任意修改文件

HDFS 中的一个文件只有一个写入者，而且写操作只能在文件末尾完成，即只能执行追加操作。目前 HDFS 还不支持多个用户对同一文件进行写操作，以及在文件的任意位置进行修改。

4.5　HDFS 的存储原理

4.5.1　数据的冗余存储

为了保证系统的容错性和可用性，HDFS 采用多副本方式对数据进行冗余存储。一个数据块的多个副本会分布在不同的数据节点上，如图 4-3 所示，数据块 1 被存放在数据节点 A 和 C 上，数据块 2 被存放在数据节点 A 和 B 上。这种多副本方式具有以下 3 个优点。

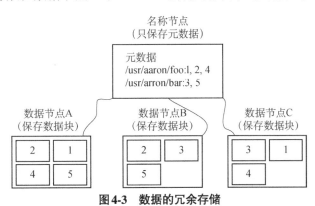

图4-3　数据的冗余存储

① 加快数据传输速度。当多个用户端需要同时访问同一个文件时，可以让各个用户端分别从不同的数据块副本中读取数据，这就大大加快了数据传输速度。

② 容易检查出数据错误。HDFS 的数据节点之间通过网络传输数据，采用多个副本可以很容易地判断数据传输是否出错。

③ 保证数据的可靠性。即使某个数据节点出现故障，也不会造成数据丢失。

4.5.2　数据的存取策略

首先，HDFS 将每个文件中的数据进行分块存储，每个数据块又有多个副本，这些数据块副本分布在不同的节点上。这种"数据分块存储+副本"的策略是 HDFS 保证可靠性和高性能的关键，这是因为文件分块存储之后按照数据块来读取，提高了文件随机读取的效率和并发读取的效率；保存数据块的若干副本到不同的机器节点上，在实现可靠性的同时提高了同一数据块的并发读取效率；数据分块非常切合 MapReduce 中"任务切分"的思想。

HDFS 采用"机架感知"策略来改进数据的可靠性、可用性和网络带宽的利用率。通过机架感知策略，NameNode 可以确定每个 DataNode 所属的机架 ID。一个简单但没有优化的策略就是将副本存放在不同的机架上，这样可以防止机架失效时丢失数据，并且允许读取数据时充分利用多个机架的带宽。这种策略可以将副本均匀分布在集群中，有利于在组件失效的情况下保证负载均衡。但是，这种策略的写操作需要将数据传输到多个机架上，增加了写操作的代价。

在大多数情况下，副本数是 3。HDFS 的副本放置策略是：第一个副本放置在上传文件的 DataNode 服务器节点上（如果是在集群外上传，则随机放置在一个 DataNode 服务器节点上）；第二个副本放置在与第一个 DataNode 不同的机架的一个节点上；第三个副本放置在与第二个 DataNode 相同的机架的不同节点上，如图 4-4 所示。这种策略减少了机架间的数据传输，提高了写操作的效率。机架的错误远比节点的错误少，所以这种策略不会影响数据的可靠性和可用性。与此同时，数据块只存放在两个不同的机架上，所以减少了读取数据时需要的网络传输总带宽。

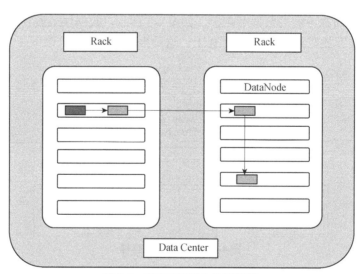

图 4-4　HDFS 的副本放置策略

4.5.3　数据错误与恢复

HDFS 具有较高的容错性，它把硬件出错看成一种常态，而不是异常，并设计了相应的机制检测数据错误，并能自动恢复，主要包括以下 3 种情形。

（1）名称节点出错

名称节点保存了所有元数据，其中最核心的两大数据结构是 NameSpace Image 和 Edit Log。如果这两个文件发生损坏，那么整个 HDFS 实例将失效。Hadoop 采用两种机制来确保名称节点的安全：第一，把名称节点上的元数据信息同步存储到其他文件系统（例如远程挂载的网络文件系统）中；第二，运行一个第二名称节点，当名称节点宕机后，把第二名称节点作为一种弥补措施，利用第二名称节点中的元数据信息进行系统恢复（但是这样仍然会丢失部分数据）。因此，一般把上述两种方式结合起来使用，当名称节点出错时，首先到远程挂载的网络文件系统中获取备份的元数据信息，放在第二名称节点上进行恢复，并把第二名称节点作为名称节点来使用。

（2）数据节点出错

每个数据节点都会定期向名称节点发送"心跳"信息，向名称节点报告自己的状态。当数据节点发生故障（或者网络断开）时，名称节点就无法收到来自数据节点的"心跳"信息，这时这些数据节点会被标记为"宕机"，节点上的所有数据都会被标记为"不可读"，名称节点不会再给它们发送任何 I/O 请求。这时可能出现一种情形，即由于一些数据节点不可用，导致一些数据块的副本数量小于冗余因子。名称节点会定期检查这种情况，一旦发现某个数据块的副本数量小于冗余因子，就会进行数据冗余复制，为它生成新的副本。HDFS 与其他分布式文件系统的最大区别就是可以调整冗余数据的位置。

（3）数据出错

网络传输和磁盘错误等因素都会造成数据出错。用户端读取数据后，会对数据块进行校验，以确定读取到了正确的数据。在文件被创建时，用户端会对每个文件块进行信息摘录，并把这些信息写入同一个路径下的隐藏文件里。用户端读取文件时，会先读取该信息文件，然后利用该信息文件对读取的每个数据块进行校验。如果校验出错，用户端就会请求到另一个数据节点上读取该数据块，并且向名称节点报告这个数据块有错误，名称节点会定期检查并且重新复制这个数据块。

4.6　HDFS 的数据读写流程

4.6.1　读数据流程

下面我们来结合代码和流程图解析 HDFS 的读数据流程。

```
1.   public static void main(String[] args) throws Exception {
2.      Configuration conf = new Configuration();// 读取配置文件 core-default.xml
和 core-site.xml
3.      FileSystem fs=FileSystem.get(conf);// 获取 DistributedFileSystem 对象
4.        // System.out.println(fs.getClass().getName());//确认类型
5.        Path path = new Path("/hyxy/LICENSE.txt");// 创建 Path 对象,指定要读取
的文件
6.        FSDataInputStream fsinput=fs.open(path);// 向 NameNode 发送读取请求
7.        IOUtils.copyBytes(fsinput,System.out,4096, false);// 将输入流内的数
据复制到 System.out 输出流中
```

```
8.      IOUtils.closeStream(fsinput);// 关闭流对象
9.  }
```

其具体过程如图 4-5 所示。

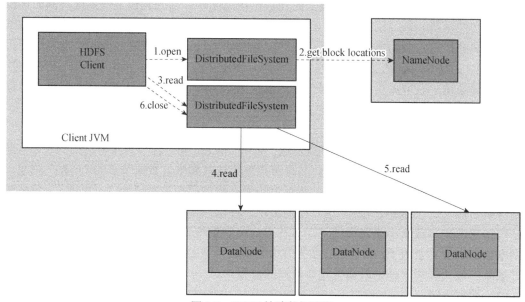

图4-5　HDFS 的读数据流程

（1）获取分布式文件系统对象

在用户端，我们在读取文件之前要做的工作是加载相关的配置文件，分析相关参数的值，获取 DistributedFileSystem 对象。DistributedFileSystem 是 FileSystem 的子类，在加载配置文件时，会读取本地 JAR 包内置的 core-default.xml 默认配置文件及本地的 core-site.xml 文件，而本地的 core-site.xml 文件的 fs.defaultFS 属性值为 file:///，所以还要将集群中的 etc/hadoop/ core-site.xml 文件复制一份到 Eclipse 项目下的 src/目录下。

（2）调用文件系统对象的 open 方法

用户端通过调用 DistributedFileSystem 的 open 方法（步骤1），向 HDFS 的 NameNode 发送请求，希望读取指定路径下的文件。这时，用户端的 DistributedFileSystem 是通过远程调用协议来请求 NameNode 的。NameNode 从内存中确定文件的第一个数据块及数据块副本的位置信息（步骤2），也就是 DataNode 节点列表，发送回用户端，并返回一个输入流对象 FSDataInputStream，这个 FSDataInputStream 是 Java I/O 流中的 DataInputStream 的子类。

（3）调用 read 方法，读取数据块

用户端获取输入流对象 FSDataInputStream 后，会调用该对象的 read 方法读取数据块（步骤3）。FSDataInputStream 是一个支持文件定位的输入流对象，其内部封装了 DFSInputStream 对象，该对象管理着 DataNode 和 NameNode 的 I/O 操作。DFSInputStream 会选择离用户端最近的、存储数据块副本的 DataNode 读取数据。通过下面的代码，我们可以看出，DFSInputStream 会重复调用 read 方法来读取数据块中的数据（步骤4）。数据块被读取完后，DFSInputStream 会关闭与该 DataNode 的连接。

```
1.  public static void copyBytes(InputStream in, OutputStream out, int
buffSize) throws IOException {
```

```
2.        PrintStream ps = out instanceof PrintStream ? (PrintStream)out : null;
3.        byte buf[] = new byte[buffSize];
4.        int bytesRead = in.read(buf);
5.        while (bytesRead >= 0) {
6.          out.write(buf, 0, bytesRead);
7.          if ((ps != null) && ps.checkError()) {
8.            throw new IOException("Unable to write to output stream.");
9.          }
10.         bytesRead = in.read(buf);          //while循环重复调用read方法
11.       }
12.    }
```

（4）请求读取下一个数据块

DFSInputStream 读取完并关闭与存储第一个数据块的 DataNode 的连接后，会继续从 NameNode 发送回来的下一个数据块的 DataNode 列表信息中寻找最佳的 DataNode，继续读取（步骤 5）。

（5）调用 close 方法，结束读流程

当文件的最后一个数据块被 DFSInputStream 读取完毕后，用户端会调用 FSDataInputStream 的 close 方法，结束读流程。

（6）读流程的错误处理

在读取数据块的过程中，如果 DFSInputStream 与 DataNode 的通信出现错误，DFSInputStream 就会尝试从离该数据块所在的 DataNode 最近的、存储该数据块副本的 DataNode 上继续读取数据，同时记录这个故障 DataNode，以保证不会再从该节点上读取其他信息。

DFSInputStream 也会校验和确认 DataNode 发来的数据是否完整（校验和）。如果发现有损坏，DFSInputStream 就会尝试从其他 DataNode 上读取该数据块的副本，当然也会通知 NameNode，由 NameNode 进行副本数据恢复。

4.6.2　写数据流程

下面我们详细解析 HDFS 的写数据流程。

```
1.  public static void main(String[] args) throws Exception {
2.          //加载本地指定目录下的文件
3.          InputStream is = new BufferedInputStream(
4.              new FileInputStream("/home/hadoop/Hadoop2.6.1.tar.gz"));
5.          Configuration conf = new Configuration();
6.          //获取分布式文件系统对象
7.          FileSystem fs = FileSystem.get(conf);
8.          //指定要上传到HDFS中的目录和文件名
9.          Path des = new Path("/user/hadoop/hadoop.tar.gz");
10.         //获取输出流对象
11.         FSDataOutputStream fsdos = fs.create(des);
12.         //开始上传
13.         IOUtils.copyBytes(is, fsdos, 4096, false);
14.         //关闭流对象
15.         IOUtils.closeStream(fsdos);
16. }
```

HDFS 的写数据流程如图 4-6 所示，具体步骤如下。

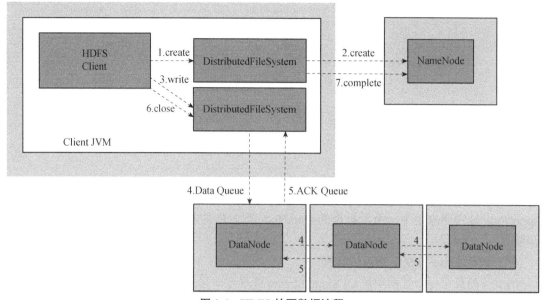

图4-6　HDFS 的写数据流程

（1）获取分布式文件系统对象

和读流程一样，用户端要使用 Configuration 类来加载配置文件信息，然后再调用 FileSystem 的 get 方法获取一个分布式文件系统对象 DistributedFileSystem。

（2）用户端请求 NameNode

用户端调用 DistributedFileSystem 的 create 方法向 NameNode 发送请求，请求新建指定路径下的文件（步骤1）。用户端采用远程调用协议与 NameNode 进行通信，这时 NameNode 要经过多种检查，例如命名空间中是否已存在该路径文件、用户端是否有相应权限。如果没有通过检查，返回 IOException。如果通过检查，NameNode 就会在命名空间下新建该文件，记录元数据（步骤2，此时新文件的大小为 0 字节，还没有数据块的信息），并返回一个 FSDataOutputStream 输出流对象。FSDataOutputStream 封装了一个 DFSOutputStream 对象，由该对象负责进行 DataNode 和 NameNode 之间的通信。这时，无须考虑父目录是否存在，因为 create 方法会帮助创建多级目录。

（3）用户端加载数据

用户端调用 DFSOutputStream 的 create 方法，开始执行写操作。DFSOutputStream 先将数据封装成一个个数据包，依次写入一个缓存队列中，这个缓存队列称为 Data Queue。然后由线程 DataStreamer 向 NameNode 请求一组合适的 DataNode，这组 DataNode 构成一条通信管道。

（4）向 DataNode 中写数据

当通信管道确认好之后，DataStreamer 开始从 Data Queue 中依次取出数据包，写入通信管道中的 DataNode 中。第一个数据包写入通信管道中的第一个 DataNode 的内存中，第一个 DataNode 再将已经写好的数据包发送给通信管道中的第二个 DataNode；第二个 DataNode 将数据包写入内存中后，再将数据包发送给第三个 DataNode（步骤4）。

DataStreamer 在将数据包写入时，也会将该数据包存储到另一个由 ResponseProcessor 线程管理的缓存队列 ACK Queue 中，这个队列称为"确认队列"。ResponseProcessor 线程会等待

DataNode 列表写好的确认信息，收到所有 DataNode 的确认信息后（步骤 5），该线程再将 ACK Queue 里的数据包删除。

（5）调用 close 方法

当写入一个数据块大小的 n 个数据包后，用户端会调用 FSDataOutputStream 的 close 方法（步骤 6）。在调用 close 方法前，DataNode 列表将内存中的数据写入本地磁盘中。然后，DataStreamer 继续向 NameNode 请求下一个数据块的 DataNode 列表，开始下一个数据块的写入。写完整个文件的最后一个数据后，用户端通知 NameNode，整个文件已经写完（步骤 7）。

4.7　HDFS 的编程实现

4.7.1　HDFS 的常用 Shell 命令

（1）基本语法

```
bin/hadoop fs 具体命令
```

或者：

```
bin/hdfs dfs 具体命令
```

（2）命令大全

在虚拟机内输入：

```
bin/hdfs dfs
```

则会显示以下内容，包含了 HDFS 的主要命令。

```
Usage: hadoop fs [generic options]
    [-appendToFile <localsrc> ... <dst>]
    [-cat [-ignoreCrc] <src> ...]
    [-checksum <src> ...]
    [-chgrp [-R] GROUP PATH...]
    [-chmod [-R] <MODE[,MODE]... | OCTALMODE> PATH...]
    [-chown [-R] [OWNER][:[GROUP]] PATH...]
    [-copyFromLocal [-f] [-p] [-l] <localsrc> ... <dst>]
    [-copyToLocal [-p] [-ignoreCrc] [-crc] <src> ... <localdst>]
    [-count [-q] [-h] <path> ...]
    [-cp [-f] [-p | -p[topax]] <src> ... <dst>]
    [-createSnapshot <snapshotDir> [<snapshotName>]]
    [-deleteSnapshot <snapshotDir> <snapshotName>]
    [-df [-h] [<path> ...]]
    [-du [-s] [-h] <path> ...]
    [-expunge]
    [-find <path> ... <expression> ...]
    [-get [-p] [-ignoreCrc] [-crc] <src> ... <localdst>]
    [-getfacl [-R] <path>]
    [-getfattr [-R] {-n name | -d} [-e en] <path>]
    [-getmerge [-nl] <src> <localdst>]
    [-help [cmd ...]]
```

```
       [-ls [-d] [-h] [-R] [<path> ...]]
       [-mkdir [-p] <path> ...]
       [-moveFromLocal <localsrc> ... <dst>]
       [-moveToLocal <src> <localdst>]
       [-mv <src> ... <dst>]
       [-put [-f] [-p] [-l] <localsrc> ... <dst>]
       [-renameSnapshot <snapshotDir> <oldName> <newName>]
       [-rm [-f] [-r|-R] [-skipTrash] <src> ...]
       [-rmdir [--ignore-fail-on-non-empty] <dir> ...]
       [-setfacl [-R] [{-b|-k} {-m|-x <acl spec>} <path>]|[--set <acl spec>
<path>]]
       [-setfattr {-n name [-v value] | -x name} <path>]
       [-setrep [-R] [-w] <rep> <path> ...]
       [-stat [format] <path> ...]
       [-tail [-f] <file>]
       [-test -[defsz] <path>]
       [-text [-ignoreCrc] <src> ...]
       [-touchz <path> ...]
       [-truncate [-w] <length> <path> ...]
       [-usage [cmd ...]]
```

HDFS 的常用命令及其作用如表 4-1 所示。

表 4-1　HDFS 的常用命令及其作用

命令	作用
-help	输出命令参数
-ls	查看 HDFS 中的目录，如：hdfs dfs -ls /
-mkdir	在 HDFS 中创建文件夹，如：hdfs dfs -mkdir /test
-put	将本地文件上传到 HDFS 中
-get	将 HDFS 中的文件下载到本地
-cp	将 HDFS 中的文件或目录进行复制，如：hdfs dfs -cp /test.txt /a/
-cat	查看 HDFS 中的文件内容，如：hdfs dfs -cat /test.txt
-copyFromLocal	从本地文件系统中复制文件到 HDFS 中
-copyToLocal	从 HDFS 中复制文件到本地
-mv	在 HDFS 的目录中移动文件
-chgrp、-chown、-chmod	与 Linux 文件系统中的用法一样，修改文件所属权限
-getmerge	合并下载多个文件
-rm	删除指定的文件，只删除非空目录和文件

4.7.2　HDFS Java API 及其应用

（1）Maven 项目的 pom.xml 文件的配置

首先，新建一个 Maven 项目"hdfs_demo"，然后在该项目的 pom.xml 文件中添加以下代码，引入 Hadoop 的 Java API 依赖包。

```
<properties>
    <project.build.sourceEncoding>UTF-8</project.build.sourceEncoding>
</properties>
<dependencies>
    <dependency>
        <groupId>junit</groupId>
        <artifactId>junit</artifactId>
        <version>3.8.1</version>
        <scope>test</scope>
    </dependency>
    <dependency>
        <groupId>org.apache.hadoop</groupId>
        <artifactId>Hadoop client</artifactId>
        <version>2.7.7</version>
    </dependency>
</dependencies>
```

配置好 pom.xml 文件后，即可使用 HDFS Java API 编写程序。

（2）涉及的主要类

Configuration：该类的对象封装了用户端或服务器的配置。

FileSystem：FileSystem 是 HDFS Java API 的核心工具类，该类是一个抽象类，封装了很多操作文件的方法，使用这些方法可以很轻松地操作 HDFS 中的文件。

（3）获取 HDFS 中的文件属性

从指定的 HDFS 服务器目录 user/hadoop/file.txt 下读取文件，输出文件路径、修改日期、上次访问日期、文件长度、文件备份数、文件块大小、文件所有者等内容，代码如下。

```
1.  import java.sql.Timestamp;
2.  import org.apache.hadoop.conf.Configuration;
3.  import org.apache.hadoop.fs.FileStatus;
4.  import org.apache.hadoop.fs.FileSystem;
5.  import org.apache.hadoop.fs.Path;
6.  /**
7.   * 获取文件或目录的元数据信息
8.   */
9.  public class FileStatusInfo {
10.     public static void main(String[] args) throws Exception {
11.         //创建Configuration对象
12.         Configuration conf = new Configuration();
13.         //设置HDFS访问地址
14.         conf.set("fs.default.name", "hdfs://localhost:9000");
15.         //获取FileSystem文件系统实例
16.         FileSystem fs = FileSystem.get(conf);
17.         FileStatus fileStatus = fs.getFileStatus(new Path("hdfs://
localhost:9000/user/hadoop/file.txt"));
18.         //判断是文件夹还是文件
19.         if (fileStatus.isDirectory()) {
20.             System.out.println("这是一个文件夹");
21.         } else {
22.             System.out.println("这是一个文件");
23.         }
24.         //输出元数据信息
25.         System.out.println("文件路径： " + fileStatus.getPath());
```

```
26.        System.out.println("修改日期: "
27.              + new Timestamp(fileStatus.getModificationTime()).
toString());
28.        System.out.println("上次访问日期: "
29.              + new Timestamp(fileStatus.getAccessTime()).toString());
30.        System.out.println("文件长度: " + fileStatus.getLen());
31.        System.out.println("文件备份数:" + fileStatus.getReplication());
32.        System.out.println("文件块大小: " + fileStatus.getBlockSize());
33.        System.out.println("文件所有者: " + fileStatus.getOwner());
34.        System.out.println("文件所在分组: " + fileStatus.getGroup());
35.        System.out.println("文件的权限: " + fileStatus.getPermission().
toString());
36.      }
37. }
```

（4）读取 HDFS 中的文件内容

从指定的 HDFS 服务器的目录 user/hadoop/file.txt 下读取文件，输出文件的内容，代码如下。

```
1.  import java.io.InputStream;
2.  import org.apache.hadoop.conf.Configuration;
3.  import org.apache.hadoop.fs.FileSystem;
4.  import org.apache.hadoop.fs.Path;
5.  import org.apache.hadoop.io.IOUtils;
6.  /** 查询文件内容并输出 **/
7.  public class FileSystemContent {
8.    public static void main(String[] args) throws Exception {
9.      Configuration conf = new Configuration();
10.     // 设置HDFS访问地址
11.     conf.set("fs.default.name", "hdfs://localhost:9000");
12.     // 获取FileSystem文件系统实例
13.     FileSystem fs = FileSystem.get(conf);
14.     // 打开文件输入流
15.     InputStream in = fs.open(new Path("hdfs://localhost:9000/user/hadoop/
file.txt"));
16.     // 输出文件内容
17.     IOUtils.copyBytes(in, System.out, 4096, false);
18.     IOUtils.closeStream(in);
19.   }
20. }
```

（5）在 HDFS 上创建文件、读取文件的内容，然后删除该文件

① 在 HDFS 上创建文件，代码如下。

```
1.  // 创建文件
2.  public static void createFile() throws Exception {
3.    Configuration conf = new Configuration();
4.    conf.set("fs.default.name", "hdfs://localhost:9000");
5.    FileSystem fs = FileSystem.get(conf);
6.    // 打开一个输出流
7.    FSDataOutputStream outputStream = fs.create(new Path("hdfs://
localhost:9000/user/hadoop/newfile.txt"));
8.  outputStream.write("写入文件的内容".getBytes());// 写入文件内容
9.    outputStream.close();
10.   fs.close();
```

```
11.      System.out.println("文件创建成功！");
12.    }
```

② 在 HDFS 上查看新创建的文件，代码如下。

```
1.   // 查看文件内容并输出
2.   public static void readFile() throws Exception {
3.      // 创建配置器
4.      Configuration conf = new Configuration();
5.      conf.set("fs.default.name", "hdfs://localhost:9000");
6.       // 获取FileSystem文件系统实例
7.      FileSystem fs = FileSystem.get(conf);
8.      InputStream in = fs.open(new Path("hdfs://localhost:9000/user/
hadoop/newfile2.txt"));
9.      IOUtils.copyBytes(in, System.out, 4096, false);
10.     IOUtils.closeStream(in);
11.     System.out.println();
12.    }
```

③ 在 HDFS 上删除文件，代码如下。

```
1.   // 删除文件
2.   public static void deleteFile() throws Exception {
3.      Configuration conf = new Configuration();
4.      conf.set("fs.default.name", "hdfs://localhost:9000");
5.      FileSystem fs = FileSystem.get(conf);
6.      Path path = new Path("hdfs://localhost:9000/user/hadoop/newfile.
txt");
7.      boolean isok = fs.deleteOnExit(path);
8.      if (isok) {
9.        System.out.println("删除成功!");
10.     } else {
11.       System.out.println("删除失败！");
12.     }
13.     fs.close();
14.    }
```

④ 完成各个函数的调用，代码如下。

```
1.   public class HDFSDemo {
2.     public static void main(String[] args) throws Exception {
3.   //将上面实现的各个函数放在下面即可
4.       createFile();
5.       readFile();
6.       deleteFile();
7.     }
8.   }
```

习　题

1. 编写程序，将本地文件上传到 HDFS 中。

提示：使用 FileSystem 的 copyFromLocalFile()方法，可以将本地文件上传到 HDFS 中。该方法需要传入两个 Path 类型的参数，分别代表本地目录/文件和 HDFS 目录/文件。

2. 编写程序，将 HDFS 中的文件下载到本地。

提示：使用 FileSystem 的 copyToLocalFile()方法，可以将 HDFS 中的文件下载到本地。该方法需要传入两个 Path 类型的参数，分别代表 HDFS 目录/文件和本地目录/文件。

第5章 分布式数据库 HBase

Hadoop 可以通过 HDFS 来存储结构化、半结构化甚至非结构化的数据,它是传统数据库的补充,是存储海量数据的最佳方法,它针对大文件的存储、批量访问和流式访问做了优化,同时也通过多副本解决了容灾问题。但是 Hadoop 的缺陷在于它只能进行批处理,并且只能以顺序方式访问数据,这意味着即使进行最简单的操作,也必须搜索整个数据集,无法实现数据的随机访问。数据的随机访问是传统的关系型数据库所擅长的,但它们却不能用于海量数据的存储。在这种情况下,必须有一种新的方案来解决海量数据存储和随机访问的问题,HBase 等一大批非关系型数据库应运而生。

本章主要介绍 HBase 的相关知识,内容要点如下。

- HBase 简介
- HBase 数据模型
- HBase 的系统架构
- HBase 表结构设计
- HBase 的数据读写流程
- HBase 编程实践

5.1 HBase 简介

5.1.1 HBase 的发展及现状

HBase 是 Apache 旗下的一个开源项目,具备广泛应用性、可靠性、高性能、高可用性等特点。HBase 与一般数据库不同,它基于列模式存储数据。

HBase 源于 BigTable,使用 HDFS 作为底层文件存储系统,可以运行 MapReduce 处理少量数据,一般需要使用 ZooKeeper 作为协同服务组件。

现在,各大公司对 HBase 的使用已经越来越普遍,小米、华为、网易、京东、中国电信、中国人寿等公司都使用 HBase 存储海量数据,服务于各种在线系统及离线分析系统,业务场景包括订单系统、消息存储系统、用户画像绘制、搜索推荐、安全风控及物联网时序数据存储等。

5.1.2 HBase 的应用场景

(1)淘宝 TLog

淘宝 TLog 是一个分布式的、可靠的、对大量数据进行分析和展示的系统。TLog 的主要应用场景是收集大量运行日志，然后进行分析和存储，最后提供数据查询和展示。赫赫有名的"鹰眼系统"（对用户请求从开始到结束的整个生命周期进行追踪，包括每一步到了哪台机器、花了多长时间、与多少系统有交互等）就是 TLog 的接入方，每天有上万台机器接入 TLog，数据量达上百 TB。

（2）小米云服务

小米云服务基本上是基于 HBase 存储的。以云端数据的同步备份功能为例，用户的照片、联系人、短信、通话记录等数据大部分是非结构化的，重点是用户只需要访问与自己相关的数据，非常契合 HBase 的负载均衡策略，只需要使用用户 ID 来进行切片（Region），用户量或数据量的持续增长可以非常容易地通过为 HBase 集群添加节点来解决。

（3）用户行为数据存储

大部分公司非常注重用户数据的收集，尤其是用户行为数据的收集，这些数据价值很高，可以用来做很多事情，既可以建立用户基本信息、行为特征、社交、购买力等静态标签，也可以建立短期的动态标签。通过给用户绘制立体画像，系统可以实时分析用户的行为，了解用户的需求，从而实现精准化营销，这对企业尤其是电商企业至关重要。

总体而言，HBase 适用于写入量巨大而读取量较小的应用，或者不需要复杂查询条件来查询数据的应用。

5.2　HBase 数据模型

与传统的关系型数据库不同，虽然 HBase 也有表（Table）、行（Row）、列（Column），但是 HBase 没有数据类型，所有数据都被转换成字节数组进行存储。HBase 表中的行是通过行键（RowKey）进行区分的，行键也是行的标识。HBase 中的行按 RowKey 排序，排序方式采用字典顺序。

5.2.1　HBase 逻辑视图

在具体了解逻辑视图之前，有必要先看看 HBase 的几个基本概念。

① NameSpace：命名空间，类似于关系型数据库中的 DataBase，每个命名空间下有多个表。HBase 有两个自带的命名空间，分别是 hbase 和 default。hbase 中存放的是 HBase 内置的表（系统内建表，包含 namespace 表和 meta 表），default 是用户默认的命名空间（用户建表时未指定 NameSpace 的表都在此创建）。

② Region：HBase 表的切片。HBase 表会根据 RowKey 切分成不同的 Region 存储在 RegionServer 中，一个 RegionServer 中可以有多个不同的 Region。

③ Table：表。一个表包含多行数据。

④ Row：行。在 HBase 表中，一行数据代表一个数据对象，每一行都由一个行键（RowKey）来进行唯一标识（不可分割的字节数组，且按照字典顺序由小到大存储），每一行都由一个 RowKey 和多个 Column（列）组成。在 HBase 中针对 RowKey 建立索引，可以提高检索数据的速度，代码格式如下。

```
scan '表名'
//扫描某个列族
scan '表名', {COLUMN=>'列族名'}
//扫描某个列族的某个列
scan '表名', {COLUMN=>'列族名:列名'}
//查询同一个列族的多个列
scan '表名', {COLUMNS => ['列族名1:列名1', '列族名1:列名2',…]}
```

⑤ Column：列。与关系型数据库中的列不同，HBase 中的 Column 由列族名及 Qualifier（列名）组成，两者用"："相连。例如，contents:html 中的 contents 为列族名，html 为列族中的一列。在创建表时需要指定 ColumnFamily，用户不能随意增减。一个列族下可以设置多个列，因此可以理解为 HBase 中的列可以动态增加，理论上可以扩展到上百万列。

⑥ Store：每个 Region 都由一个或多个 Store 组成。HBase 会把一起访问的数据放在一个 Store 中，即为每个 ColumnFamily 创建一个 Store（有几个 ColumnFamily，就有几个 Store）。

⑦ TimeStamp：时间戳。将每个 Cell 写入 HBase 时都会默认分配一个时间戳作为该 Cell 的版本，当然，用户也可以在写入时自带时间戳。HBase 支持多版本特性，即同一个 RowKey、Column 下可以有多个 Value，这些 Value 将 TimeStamp 作为版本号。版本号越大，表示数据越新。

⑧ Cell：单元格，由五元组（Row、Column、TimeStamp、Type、Value）组成的结构，其中，Type 表示 Put/Delete 这样的操作类型，TimeStamp 代表这个 Cell 的版本号。这个结构在数据库中实际上是以 KV 结构存储的，其中 Row、Column、TimeStamp、Type 字段是"K"，Value 字段对应 KV 结构中的"V"。

一个 HBase 逻辑视图如图 5-1 所示，表中包含两行数据，两个 RowKey 分别为 com.cnn.www 和 com.example.www，按照字典顺序由小到大排列。每行有三个列族，分别为 anchor、contents、people，列族 anchor 下有两列，分别为 cnnsi.com 及 my.look.ca，其他两个列族都仅有一列。可以看出，根据行 com.cnn.www 及列 anchor:cnnsi.com 可以定位数据 CNN，对应的版本号是 t9；而同一行的另一列 contents:html 下却有三个版本的数据，版本号分别为 t5、t6 和 t7。

RowKey	anchor		contents	people
	cnnsi.com	my.look.ca	html	author
com. cnn. www	t9:CNN	t8:CNN.com	t7:\<html\>… t6:\<html\>… t5:\<html\>…	
com.example.www				t5:John Doe

图 5-1　一个 HBase 逻辑视图

总体来看，HBase 逻辑视图比较容易理解。需要注意的是，HBase 引入了列族的概念，列族下的列可以动态扩展。另外，HBase 使用时间戳实现了数据的多版本存储。

要真正理解 HBase 的工作原理，需要从 "KV 数据库" 这个视角重新对其进行审视。相关论文中称 BigTable 为 "sparse, distributed, persistent multidimensional sorted map"，可见 BigTable 本质上是一个 Map 结构数据库，HBase 亦然。接下来，我们先对 Map 进行解析，这对于之后理解 HBase 的工作原理非常重要。

Map 由 Key 和 Value 组成，那组成 HBase Map 的 Key 和 Value 分别是什么？与普通 Map 的 KV 不同，在 HBase 中 Map 的 Key 是一个复合键，由 RowKey、ColumnFamily、Qualifier、Type 及 TimeStamp 组成，Value 即为 Cell 的值。例如，图 5-1 中行 com.cnn.www 及列 anchor: cnnsi.com 对应的数值 CNN 实际上在 HBase 中存储为以下 KV 结构。

```
{"com.cnn.www","anchor","cnnsi.com","put","t9"} -> "CNN"
```

同理，其他 KV 结构为：

```
{"com.cnn.www","anchor","my.look.ca","put","t8"} -> "CNN.com"
{"com.cnn.www","contents","html","put","t7"} -> "<html>..."
{"com.cnn.www","contents","html","put","t6"} -> "<html>..."
{"com.cnn.www","contents","html","put","t5"} -> "<html>..."
{"com.example.www","people","author","put","t5"} -> "John Doe"
```

至此，读者对 HBase 的数据存储形式应该有初步了解。那么 "多维的" "稀疏的" "排序的" 等关键词该如何理解呢。

① 多维的。这个特性比较容易理解。HBase 中的 Map 与普通 Map 最大的不同在于，Key 是一个复合数据结构，由多维元素构成，包括 RowKey、ColumnFamily、Qualifier、Type 及 TimeStamp。

② 稀疏的。稀疏性是 HBase 的一个突出特点。从图 5-1 中可以看出，行 com.example.www 仅有一列（people:author）有值，其他列都为空值。在其他数据库中，对于空值的处理一般是填充 Null，而对于 HBase，不需要填充空值。这个特性为什么重要？因为 HBase 的列在理论上是允许无限扩展的，对于有上百万列的表来说，通常会存在大量空值。如果填充 Null，会造成大量空间浪费。因此稀疏性是 HBase 的列可以无限扩展的一个重要条件。

③ 排序的。构成 HBase 的 KV 在同一个文件中是有序的，但规则并不是仅按照 RowKey 排序，而是按照 KV 中的 Key 进行排序——先比较 RowKey，RowKey 小的排在前面；如果 RowKey 相同，再比较 Column，即 ColumnFamily:Qualifier，Column 小的排在前面；如果 Column 相同，再比较 TimeStamp，TimeStamp 大的排在前面。这样的多维元素排序规则对于提升 HBase 的读取性能至关重要，在后面的章节中会详细分析。

5.2.2 HBase 物理视图

与大多数数据库系统不同，HBase 中的数据是按照列族存储的，即数据按照列族分别存储在不同的目录中。

图 5-1 中的列族 anchor、contents、people 的物理视图如图 5-2～图 5-4 所示。

RowKey	TimeStamp	ColumnFamily:anchor
com.cnn.www	t9	anchor:cnnsi.com=CNN
com.cnn.www	t8	anchor:my.look.ca=CNN.com

图5-2　列族 anchor 的物理视图

RowKey	TimeStamp	ColumnFamily:contents
com.cnn.www	t7	contents:html=\<html\>…
com.cnn.www	t6	contents:html=\<html\>…
com.cnn.www	t5	contents:html=\<html\>…

图5-3　列族 contents 的物理视图

RowKey	TimeStamp	ColumnFamily:people
com.example.www	t5	people:author=John Doe

图5-4　列族 people 的物理视图

5.2.3　行式存储、列式存储、列族式存储

为什么 HBase 要将数据按照列族存储？

回答这个问题之前需要先了解两个常见的概念——行式存储、列式存储，这是数据存储领域常见的两种数据存储方式。

① 行式存储：将一行数据存储在一起，写完一行数据之后接着写下一行，最典型的是 MySQL 这类关系型数据库，如图 5-5 所示。

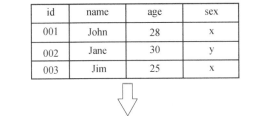

id	name	age	sex
001	John	28	x
002	Jane	30	y
003	Jim	25	x

001	John	28	x

002	Jane	30	y

003	Jim	25	x

图5-5　行式存储

行式存储在获取一行数据时是很高效的。但是，如果只需要获取表中指定列的数据，会先取出一行行数据，再在每一行数据中截取目标列。这种处理方式在查找过程中引入了大量无用信息，从而导致占用大量内存。

② 列式存储：将一列数据存储在一起，将不同列的数据分别集中存储，如图 5-6 所示。

列式存储对于只查找某些列数据的请求非常高效，只需要连续读取所有待查目标列，然后遍历处理即可；但是反过来，列式存储对于获取某一行数据的请求就不那么高效了，需要读取多个列数据，最终合并得到一行数据。另外，同一列的数据通常具有相同的数据类型，因此列式存储具有天然的高压缩特性。

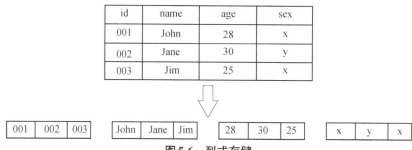

图5-6 列式存储

从概念上来说，列族式存储介于行式存储和列式存储之间，可以通过不同的设计思路在行式存储和列式存储之间相互切换。

例如，一张表可以只设置一个列族，这个列族包含所有列。在 HBase 中，一个列族的数据是存储在一起的，因此这种模式等同于行式存储。

再例如，一张表可以设置大量列族，每个列族下仅有一列，很显然这种模式等同于列式存储。

以上是两种极端的情况，在当前体系中不建议设置太多列族，但是这种架构为 HBase 演变成混合事务分析处理（Hybrid Transactional/Analytical Processing，HTAP）系统提供了基础。

5.3 HBase 的系统架构

HBase 的系统架构是典型的 Master/Slaver 模型。系统中有一个管理集群的 Master 节点及大量服务用户读写的 RegionServer 节点。除此之外，HBase 中的所有数据最终都存储在 HDFS 系统中，这与 BigTable 将数据存储在 GFS 中对应。系统中还有一个 ZooKeeper 节点，用于协助 Master 对集群进行管理。HBase 的系统架构如图 5-7 所示。

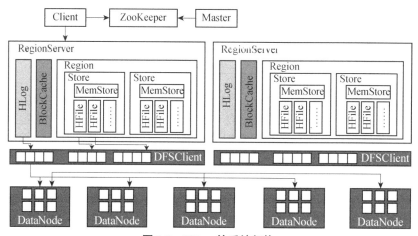

图5-7 HBase 的系统架构

5.3.1　Client

HBase 用户端（Client）提供了 Shell 命令行接口、原生 Java API 编程接口、Thrift/REST API 编程接口及 MapReduce 编程接口。HBase 用户端支持所有常见的 DML 操作及 DDL 操作，即数据的增、删、改、查和表的日常维护等。其中，Thrift/REST API 编程接口主要用于支持非 Java 的上层业务需求，MapReduce 编程接口主要用于批量数据导入及批量数据读取。

通过元数据表定位目标数据所在的 HBase 用户端并访问数据之前，需要发送请求到 RegionServer。同时，元数据会被缓存在用户端本地，以方便之后的请求访问。如果集群中的 RegionServer 宕机或者执行了负载均衡从而导致数据分区发生迁移，用户端需要重新请求最新的元数据并缓存在本地。

5.3.2　ZooKeeper

ZooKeeper 主要在协调管理分布式应用程序方面扮演着非常重要的角色。

① 实现 Master 高可用。通常情况下系统中只有一个 Master 工作，一旦 ActiveMaster 宕机，ZooKeeper 就会检测到该宕机事件，并通过一定的机制选举出新的 Master，保证系统正常运转。

② 管理系统的核心元数据。ZooKeeper 可以管理当前系统中正常工作的 RegionServer，保存系统元数据表所在的 RegionServer 地址等。

③ 参与 RegionServer 宕机恢复。ZooKeeper 可以通过"心跳"信息感知 RegionServer 是否宕机，并在宕机后通知 Master 进行宕机处理。

④ 实现分布式表锁。对一张表进行各种管理操作前需要先加表锁，以防止其他用户对同一张表进行操作，导致表状态不一致。和其他关系型数据库中的表不同，HBase 中的表通常是分布式存储模式，ZooKeeper 可以通过特定机制实现分布式表锁。

5.3.3　Master

先简单了解一下"HBase 集群"的概念。HBase 集群中有若干台计算机，其中一台是"主机（Master）"，其余都是"从机（Slaver）"。一般在生产系统中还会有一台"备用主机（Backup Master）"。Master 进程是运行在"主机"上的，准确地说，Master 在哪台计算机上运行，哪台计算机就是"主机"。

Master 的作用主要有以下几个。

（1）分发 Region

Region 是什么？在 HBase 中，如果一张表包含的内容超过设定的上限，即一张表很大时，会将这张表水平分成两半。例如，一张表有 1000 行、20 列，HBase 会将它分成两部分，第一部分为第 1～500 行，第二部分为第 501～1000 行，切分出来的部分就称为 Region。HBase 会将这些 Region 尽量均衡地分发给 Slaver，让集群中的每台从机都"干"同样多、同样重的"活"，这可以说是 Master 的首要任务。

（2）监控 RegionServer

① 负责 RegionServer 的故障转移。RegionServer 会定期向 Master 发送"心跳"信息。当

Master 接收不到 RegionServer 的信息时，就认为该 RegionServer 已经失去作用了。这时 Master 就下达指令，将原本在 RegionServer 上的数据迁移到其他正常工作的机器上。

② 负责 RegionServer 的负载均衡。当某台机器上的某个 Region 的大小超过上限时，它会被 RegionServer 切分成两半，切分后多出来的一个 Region 又会由 Master 根据集群的情况来进行负载均衡，其目的是尽可能让每台 Slaver "干" 同样多、同样重的 "活"。

Master 是如何得知 RegionServer 是 "忙" 还是 "闲" 的呢？RegionServer 会定期向 Master 发送一份自己的运行报告，然后 Master 汇总这些运行报告并进行分析，从而下达指令。

（3）管理元数据

HBase 中有一个由系统创建的 meta 表，我们称它为 "元数据表"。这个 "元数据表" 是干什么的呢？

在 HBase 中，所有数据都是以 "表" 的形式来管理的。而当表规模增长到一定程度时，会影响操作效率。假设表 A 有 1 亿条数据，表 B 有 1000 条数据，同样要查询其中的 1 条数据，显然表 B 的检索速度更快。因此，当表规模增长到一定程度时，Master 会把这个表切分成几块。不同的块根据负载均衡存储在不同的 RegionServer 中。查询某一条数据时，首先要确定这条数据在哪一个块中，确定好后直接去这个块中查询就快多了。

那么，这些不同的块被分别存储到哪个 RegionServer 中呢？这些不同的块又包含了哪些范围的数据呢？这些信息记载在 meta 表中。用一句话来总结就是：meta 表负责记载想要查询的数据在哪台 RegionServer 上。

5.3.4　RegionServer

RegionServer 主要用来响应用户的 I/O 请求，是 HBase 中最核心的模块，由 HLog、BlockCache 及多个 Region 构成。

（1）HLog

HLog 在 HBase 中有两个核心作用。其一，用于实现数据的高可靠性。HBase 数据被随机写入时，并非直接写入 HFile 中，而是先写入缓存中。为了防止缓存数据丢失，数据写入缓存之前需要先顺序写入 HLog 中。这样，即使缓存数据丢失，仍然可以通过 HLog 恢复。其二，用于实现 HBase 集群间的主从复制，通过回放主集群推送过来的 HLog 实现主从复制。

（2）BlockCache

BlockCache 是 HBase 系统中的读缓存。用户端从磁盘中读取数据后通常会将数据缓存到系统内存中，后续访问同一行数据时可以直接从内存中获取而不需要访问磁盘，带来了极大的性能提升。BlockCache 缓存对象是一系列 Block，一个 Block 默认为 64KB。

（3）Region

一个 Region 由一个或者多个 Store 构成，Store 个数取决于 ColumnFamily 的个数，有多少个 ColumnFamily 就有多少个 Store。在 HBase 中，每个列族的数据都集中存放在一起形成一个存储单元 Store，因此建议将具有相同 I/O 特性的数据设置在同一个列族中。

一个 Store 由一个 MemStore 和一个或多个 HFile 组成。MemStore 称为写缓存，用户写入数据时首先会写到 MemStore 中，MemStore 写满之后（缓存数据超过阈值）系统会异步地将数据写入一个 HFile 中。显然，随着数据不断被写入，HFile 会越来越多，当 HFile 数超过阈值之后系统会执行压缩操作，将这些小文件通过一定的策略合并成一个或多个大文件。HFile

的合并和分裂过程如图 5-8 所示。

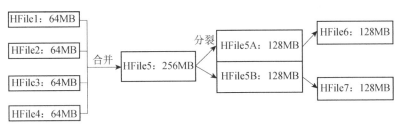

图 5-8　HFile 的合并和分裂过程

5.4　HBase 表结构设计

5.4.1　表空间设计

HBase 默认有两个 NameSpace，一个是 hbase，用来存放 HBase 元数据的相关内容；另一个是 default，用来存放未指定 NameSpace 的数据。也就是说，入库时如果只指定 TableName，未指定 NameSpace，表就会被创建在 default 中。建议读者根据业务或者数据特点划分 NameSpace，方便后续进行数据管理。

针对数据量较大的业务，可以将数据放在单独的 NameSpace 中管理，入库时使用 NameSpace:TableName 来处理 TableName。

针对数据量较少的业务，可以将数据放在 default 中统一管理，入库时直接使用 TableName 来处理。

5.4.2　RowKey 设计

HBase 的 RowKey 设计是表设计中最重要的一部分，RowKey 设计既要满足功能需求，又要满足性能需求。下面就各种问题及使用场景进行说明。

① Get 还是 Scan？Get 和 Scan 是 HBase 的两种原生查询 API，Get 用于单条数据的获取，Scan 用于多条数据的获取，这两种业务需求会对表设计带来很大的影响。

② 如何避免数据热点？数据热点包括数据写热点和读热点，HBase 的显著特点是高并发量和高吞吐量，所以在这种背景下数据热点问题必须得到解决，否则会严重影响性能。

③ 如何优化 HBase 的硬盘占用量？数据积累到一定程度后，HBase 的硬盘占用量会达到相当可观的地步，所以硬盘占用量优化也是需要考虑的问题。

④ 对于时序数据，如何快速获取最新数据？对于时序数据，由于有时间的概念，所以很多业务有获取某个人或设备的最新数据的需求。

上述几种情况就是 RowKey 设计时要考虑的问题，下面进行方案设计。

首先新建一张表，默认只有 1 个 Region，当 Region 大小达到阈值后会自动进行 Split 操作，1 个 Region 变成 2 个 Region，后续按照这个规则继续迭代。当吞吐量过大时，单一的 Region 会成为性能瓶颈，所以建表时可以通过传入 Region 的 StartKey 和 EndKey 来自定义

Region 个数，这个过程就是预分区。

HBase 的预分区有两种常用方式。第一种是对 RowKey 进行 Hash 操作，取固定位数追加到 RowKey 的头部，这样做的好处是可以避免数据热点问题，缺点是数据完全分散，相关的数据无法存储在相邻的位置，这对于 Get 操作没有影响，但是对于 Scan 操作有很大影响，无法按顺序取数据，甚至无法按照业务需求进行 Scan 操作。第二种是按照业务标识字段进行预分区，例如一张表中存放的是各地的数据，RowKey 的开头是地区编码，则可以按照地区编码进行预分区，这样做的好处是可以增加数据读写的并行度，但不能完全避免数据热点问题，毕竟每个地区的数据量是不一样的，这种设计可以使相关的数据按顺序存储，能发挥 HBase 模糊查询高效的优点，适合 Scan 操作频繁的场景。

HBase 的底层是使用 Cell 来进行存储的，一个 Cell 包含 RowKey、ColumnFamily、Column 及 TimeStamp 等属性。如果每一列都有值，一条数据的 RowKey 会被重复存储。所以一般设计成定长 RowKey，因为 RowKey 过长会降低内存的利用率和硬盘的使用率。

对于时序数据，为了展示时间轨迹的数据特点，一般的 RowKey 存储方式是 ID+TimeStamp，但某些业务场景需要获取每个 ID 的最新数据，这时可以考虑将 TimeStamp 进行处理，用 Long.max-TimeStamp 标识时间，将 RowKey 设计为 ID+Long.max-TimeStamp。取数据时，直接用 ID 进行 Scan 操作取第一条数据，得到的就是最新的数据。

综上所述，要完全避免数据热点问题，就会完全"打散"数据，相关的数据不存储在一起，Scan 操作就很难正常进行；而要使 Scan 操作的效率和效果达到理想的状态，就必须集中数据，这样势必有造成数据热点的风险。所以 HBase 的 RowKey 在设计时会有相互矛盾的需求和场景，在这种情况下，一定要抓住主要需求，进行取舍，达到最佳效果。

5.4.3 列族设计

（1）版本数量

数据保留的版本数量默认是 1，可以在建表时指定版本数量，查询时可以通过指定版本号或迭代来获取对应版本的数据。

（2）布隆过滤器（Bloom Filter）

布隆过滤器是用来加速 HBase 查询性能的组件，其配置有三个选项：NONE、ROW 和 ROWCOL，默认为 ROW。

布隆过滤器是以 HFile 为单位存在的，即一个 HFile 对应一个布隆过滤器。默认情况下，ROW 形式的布隆过滤器的原理是通过一定的算法将 HBase 的 RowKey 存储在一个数据结构中，查询一个 HFile 中是否有某个 RowKey 时不需要迭代查询，而可以通过布隆过滤器直接判断该文件中是否有该 RowKey。

NONE 选项表示关闭布隆过滤器。而 ROWCOL 选项是针对"随机读+指定列"场景存在的，如果没有此种需求，则选择默认配置即可。虽然开启布隆过滤器会占用部分内存，但其对 HBase 随机读的加速效果实在是太"诱人"了，所以通常情况下建议开启布隆过滤器。

布隆过滤器能快速判断一个 RowKey 是否存在的代价是一定的误差率，如果它认为 RowKey 不存在，则该 RowKey 一定不存在；反之，如果它认为该 RowKey 存在，则有很小的概率不存在。误差率对于正确性要求极高的数据库来说是不可接受的，那么 HBase 是如何处理这个问题的呢？

答案就是不必处理，因为即使出现了误判，即布隆过滤器认为这个 RowKey 存在，那就去 HFile 中再查询一次，如果没有查询出数据，这对最终结果来说是正确的，唯一的代价是多查询了一次。

（3）生命周期（Time To Live，TTL）

如果数据存储达到了 TTL 的最大值，就会被自动删除，这对数据滚动存储的场景来说很有意义。

（4）数据块大小

Block 是 HBase 系统文件层写入和读取的最小粒度，默认的数据块大小为 64KB。对于不同的业务数据，数据块大小的合理设置对读写性能有很大影响。通常来说，如果业务请求以 Get 请求为主，可以考虑将数据块设置得较小；如果以 Scan 请求为主，可以将数据块调大。默认的 64KB 是在 Scan 和 Get 之间取得的平衡，适合绝大多数业务场景。但是如果确定要调整，调整之前一定要进行充分的测试，再决定是否部署生产。

（5）数据块副本数量

数据块副本数量默认为 HDFS 系统设置的值（dfs.replication），除非 HBase 的数据量过大且硬盘资源紧张，否则不建议修改此值。

（6）内存列族

内存列族是指将列族的所有数据都放在内存中。如果表中某些列的数据量不大，不会进行频繁的增、删、改操作，但 Get 和 Scan 操作的频率特别高，同时业务要求延时低，可以设置 IN_MEMORY 属性来优化性能。

5.4.4　列设计

HBase 列相关的配置不在建表时指定，而是在数据写入时自动指定。HBase 的稀疏存储特性支持定义大量列，然后在查询时指定列名进行精确查询，获取需要的数据。这种设计很符合 HBase 的特点及设计理念。但是 HBase 的底层是按照 Cell 存储的，Cell 越多，RowKey 及 ColumnFamily 的冗余存储就越大，浪费了缓存资源和硬盘资源，所以建议在充分发挥 HBase 特点的同时尽量减少列数量，将相关的列存储在一起，这样查询时既可以节省迭代列的个数，又可以节省资源。

一千个人眼里有一千个哈姆雷特，一千个 HBase 使用场景可能有一千个 HBase 表设计方案。HBase 的设计从来不是非黑即白，也没有一套万能的配置能应对一切场景，我们能做的是尽量理解业务，设计满足业务需求的技术方案，在多种选择中进行取舍。

5.5　HBase 的数据读写流程

5.5.1　HBase 的数据写入流程

HBase 采用日志结构合并树架构，适用于"写多读少"的应用场景。正是因为有出色的写入能力，HBase 才能支持当下很多数据量激增的业务。需要说明的是，HBase 服务器端并没有提供 Update、Delete 接口，HBase 对数据的更新、删除操作在服务器端也被认为是写入操作。不同的是，更新操作会写入最新版本的数据，删除操作会写入标记为"deleted"的<Key,Value>对。所以 HBase 中更新、删除操作的流程与写入流程完全一致。

HBase 的数据写入流程如图 5-9 所示。

① 用户端处理阶段。用户端将用户的写入请求进行预处理，并根据集群元数据定位写入数据所在的 RegionServer，将请求发送给对应的 RegionServer。

② Region 写入阶段。RegionServer 接收到写入请求之后将数据解析出来，首先写入 HLog 中，再写入对应 Region 列族的 MemStore 中。

③ MemStore Flush 阶段。Region 中的 MemStore 容量超过一定阈值后，系统会异步执行刷新操作，将内存中的数据写入文件，形成 HFile。

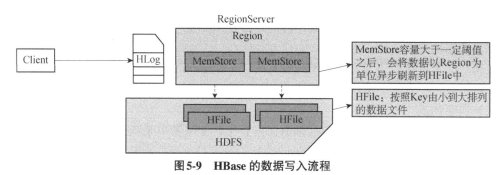

图 5-9　HBase 的数据写入流程

5.5.2　HBase 的数据读取流程

在 HBase 0.96 版本之前，HBase 有两个特殊的表：-ROOT-表和.META.表。其中，-ROOT-表存储在 ZooKeeper 中，它存储了.META.表的 RegionInfo 信息，并且它只有一个 Region；.META.表则存储了用户表的所有 RegionInfo 信息，它可以被切分成多个 HRegion。

第一次访问用户表时，首先从 ZooKeeper 中读取-ROOT-表所在的 RegionServer；然后从该 RegionServer 中根据请求的 TableName、RowKey 读取.META.表所在的 RegionServer；之后从该 RegionServer 中读取.META.表的内容，获取需要访问的 Region 的位置；下一步，访问该 RegionServer 获取请求的数据，这需要三次请求才能找到用户表的位置，第四次请求后才能获取真正的数据。

HBase 的数据读取流程如图 5-10 所示，说明如下。

① -ROOT-表的 Region 永远不会被切分，最多跳转三次就能定位任意 Region。

② .META.表的每一行保存一个 Region 的位置信息，RowKey 由"表名＋表的最后一行编码"组成。

③ 为了加快访问速度，.META.表的所有 Region 都保存在内存中。假设.META.表的一行数据在内存中大约占用 1KB，并且每个 Region 的大小限制为 128MB，那么可以保存的 Region 数量为

$$(128MB/1KB) \times (128MB/1KB) = 2^{34}$$

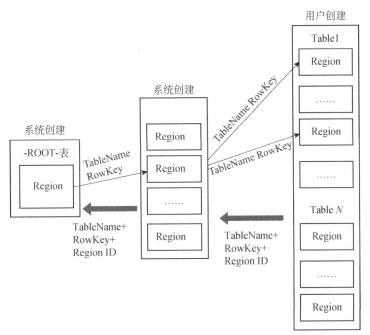

图 5-10　HBase 的数据读取流程

④ Client 会将查询过的位置信息保存，因此，如果 Client 上的缓存全部失效，则需要进行 6 次传输才能定位正确的 Region（3 次用来发现缓存失效，3 次用来获取位置信息）。

具体的数据读取流程如下。

① Client 会通过内部缓存的相关-ROOT-表中的信息和.META.表中的信息直接连接与请求数据匹配的 RegionServer。

② 直接定位该服务器上与用户请求对应的 Region，用户请求首先会查询该 Region 在内存中的缓存——MemStore。如果在 MemStore 中查询到结果，则直接将结果返回给 Client；如果没有查询到匹配的数据，会读取已持久化到 HFile 中的数据。

③ 如果在 BlockCache 中能查询到要找的数据，则直接返回结果，否则去相应的 StoreFile 中读取一个 Block 的数据；如果还没有读取到要查询的数据，就将该 Block 放到 RegionServer 的 BlockCache 中，然后接着读取下一个 Block 的数据，直到找到要请求的数据并返回结果。如果没有查询到要找的数据，最后直接返回 Null，表示没有找到匹配的数据。当然，BlockCache 会在其大于阈值后启动基于"最近最少使用"算法的淘汰机制，将最老、最不常用的 Block 删除。

实际上，.META.表只有一个，所以-ROOT-表只有一行，形同虚设。而且，三层架构增加了代码的复杂度，容易产生 Bug。为了解决这个问题，自 Hbase 0.96 版本之后，-ROOT-表被去掉了，三层架构被改为二层架构，同时 ZooKeeper 中的/hbase/root-region-server 节点也被去掉了，直接把.META.表所在的 RegionServer 信息存储到了 ZooKeeper 中的 /hbase/meta-region-server 节点上。再后来，引入了 NameSpace，.META.表的名字被修改成了 hbase: meta。去掉-ROOT-表一方面提高了 HBase 的性能，另一方面，两层架构足以满足集群的需求。二层架构的寻址过程如图 5-11 所示。

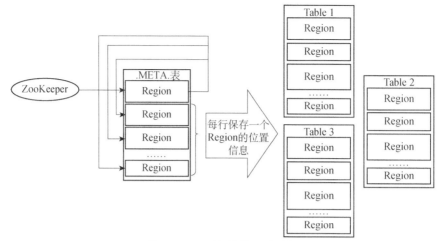

图5-11 二层架构的寻址过程

二层架构的寻址过程如下。

① 用户通过 ZooKeeper 的 /hbase/meta-region-server 节点查询哪个 RegionServer 上有 hbase:meta 表。

② 用户端连接含有 hbase:meta 表的 RegionServer。hbase:meta 表存储了所有 Region 的行键范围信息，通过这个表可以查询出要存取的 RowKey 属于哪个 Region，以及这个 Region 属于哪个 RegionServer。

③ 获取这些信息后，用户端可以直接连接拥有要存取的 RowKey 的 RegionServer，并直接对其进行操作。

④ 用户端会把.META.表的信息缓存起来，下次操作时就不需要进行加载 hbase:meta 表的步骤了。

这里还有一个问题需要说明，那就是 Client 会缓存.META.表的数据，用来加快访问速度。既然有缓存，那它什么时候更新？如果.META.表更新了，例如 Region 1 不在 RegionServer 2 上了，被转移到了 RegionServer 3 上，但 Client 的缓存没有更新，会发生什么？

其实，Client 的元数据缓存不会更新。当.META.表的数据发生更新时，由于 Region 1 的位置发生了变化，Client 再次根据缓存访问时，会出现错误，当异常达到重试次数后就会去.META.表所在的 RegionServer 中获取最新的数据。如果.META.表所在的 RegionServer 也变了，Client 就会去 ZooKeeper 中获取.META.表所在的 RegionServer 的最新地址。

5.6 HBase 编程实践

5.6.1 HBase 的常用 Shell 命令

在实际应用中，需要经常通过 Shell 命令操作 HBase。通过 HBase Shell，用户不仅可以方便地创建、删除及修改表，还可以向表中添加数据、列出表的相关信息等。HBase 的常用 Shell 命令如表 5-1 所示。

表 5-1　HBase 的常用 Shell 命令

命名	描述	语法
help 命令名	查看命令的使用描述	help 命令名
whoami	显示当前用户	whoami
version	返回 HBase 的版本信息	version
status	返回 HBase 集群的状态信息	status
table_help	查看如何操作表	table_help
create	创建表	create 表名, 列族名 1, 列族名 2, ...
alter	添加列族	alter 表名, 列族名
	删除列族	alter 表名, {NAME=>列族名, METHOD=>delete}
describe	显示表相关的详细信息	describe 表名
list	列出 HBase 中存在的所有表	list
exists	测试表是否存在	exists 表名
put	添加或修改表的值	put 表名, 行键, 列族名, 列值; put 表名, 行键, 列族名: 列名, 列值
scan	通过对表的扫描来获取对应的值	scan 表名; 扫描某个列族: scan 表名, {COLUMN=>列族名}; 扫描某个列族的某个列: scan 表名, {COLUMN=>列族名: 列名}; 查询同一列族的多个列: scan 表名, {COLUMNS => [列族名 1: 列名 1, 列族名 1: 列名 2, ...]}
get	获取行或 Cell 的值	get 表名, 行键; get 表名, 行键, 列族名
count	统计表中行的数量	count 表名
incr	增加指定表的行或列的值	incr 表名, 行键, 列族: 列名, 步长值
get_counter	获取计数器	get_counter 表名, 行键, 列族: 列名
delete	删除指定对象的值	删除列族的某个列: delete 表名, 行键, 列族名: 列名
deleteall	删除指定行的所有元素	deleteall 表名, 行键
truncate	重新创建指定表	truncate 表名
enable	使表有效	enable 表名
is_enabled	显示是否启用	is_enabled 表名
disable	使表无效	disable 表名
is_disabled	显示是否无效	is_disabled 表名
drop	删除表	drop 表名
shutdown	关闭 HBase 集群（与 exit 不同）	shutdown
tools	列出 HBase 支持的工具	tools
exit	退出 HBase Shell	exit

5.6.2 HBase 的常用 Java API 及示例

（1）Maven 项目的 pom.xml 文件的配置

```xml
<dependencies>
<dependency>
        <groupId>jdk.tools</groupId>
        <artifactId>jdk.tools</artifactId>
        <version>1.8</version>
        <scope>system</scope>              <!-- 需要配置好环境变量JAVA_HOME -->
        <systemPath>${JAVA_HOME}/lib/tools.jar</systemPath>
</dependency>
<!-- HBase -->
<dependency>
    <groupId>org.apache.hadoop</groupId>
    <artifactId>Hadoop common</artifactId>
    <version>2.7.7</version>
</dependency>
<dependency>
    <groupId>org.apache.hbase</groupId>
    <artifactId>hbase-it</artifactId>
    <version>2.1.1</version>
    <type>pom</type>
</dependency>
</dependencies>
```

（2）使用 Java 连接 HBase

Java 连接 HBase 需要两个类：HBaseConfiguration 和 ConnectionFactory。

要连接 HBase，首先需要创建 Configuration 对象，这个对象需要通过 HBaseConfiguration（HBase 配置）对象来进行创建，HBaseConfiguration 对象的用途是读取指定路径下 hbase-site.xml 和 hbase-default.xml 文件的配置信息，具体用法是：

```
Configuration config = HBaseConfiguration.create();
//使用create()静态方法就可以得到HBaseConfiguration对象
```

通过 ConnectionFactory（连接工厂）的方法能获取 Connection（连接对象），具体用法是：

```
Connection connection = ConnectionFactory.createConnection(config);
//config为前文的配置对象
```

通过这两个步骤就能连接 HBase 了。

注意：在 HBase 1.0 版本之前，HBase 是使用 HBaseAdmin 和 HTable 等来操作 HBase 的，但是在 HBase 1.0 版本之后的用户端 API 更干净、简洁，本文使用的是 HBase 2.1.1 版本。

要创建表，首先需要创建一个 Admin 对象，然后让它来创建一张表，代码如下。

```
1.   Admin admin = connection.getAdmin();              //使用连接对象获取Admin对象
2.   TableName tableName = TableName.valueOf("test");          //定义表名
3.   HTableDescriptor htd = new HTableDescriptor(tableName);    //定义表对象
4.   HColumnDescriptor hcd = new HColumnDescriptor("data");     //定义列族对象
5.   htd.addFamily(hcd);                                        //添加
6.   admin.createTable(htd);                                    //创建表
```

上述代码是 HBase 1.X 版本的方式，而在 HBase 2.X 版本中创建表使用了新的 API，关键代码如下。

```
1.  TableName tableName = TableName.valueOf("test");    //定义表名
2.  //tableDescriptor对象通过TableDescriptorBuilder构建
3.  TableDescriptorBuilder tableDescriptor = TableDescriptorBuilder.newBuilder
(tableName);
4.  ColumnFamilyDescriptor family = ColumnFamilyDescriptorBuilder.newBuilder
(Bytes.toBytes("data")).build();                      //构建列族对象
5.  tableDescriptor.setColumnFamily(family);           //设置列族
6.  admin.createTable(tableDescriptor.build());        //创建表
```

（3）添加数据

要添加数据，需要一个 Put 对象。在创建 Put 对象之前，需要获取 Table 对象，这样才能对指定的表进行操作，代码如下。

```
1.  Table table = connection.getTable(tableName);  //获取Table对象
2.  try {
3.      byte[] row = Bytes.toBytes("row1");            //定义行
4.      Put put = new Put(row);                        //创建Put对象
5.      byte[] columnFamily = Bytes.toBytes("data");        //列族
6.      byte[] qualifier = Bytes.toBytes(String.valueOf(1));   //列
7.      byte[] value = Bytes.toBytes("张三丰");             //值
8.      put.addColumn(columnFamily, qualifier, value);
9.      table.put(put);                                //向表中添加数据
10.
11. } finally {
12.     //使用完之后要释放资源
13.     table.close();
14. }
```

（4）获取指定行的数据

使用 Get 对象与 Table 对象可以获取表中的数据，代码如下。

```
1.  //获取数据
2.  Get get = new Get(Bytes.toBytes("row1"));  //定义Get对象
3.  Result result = table.get(get);                    //通过Table对象获取数据
4.  System.out.println("Result: " + result);
5.  //很多时候我们只需要获取值，这里表示获取 data:1 列族的值
6.  byte[] valueBytes = result.getValue(Bytes.toBytes("data"), Bytes.toBytes
("1")); //获取的是字节数组
7.  //将字节数组转换成字符串
8.  String valueStr = new String(valueBytes, "utf-8");
9.  System.out.println("value: " + valueStr);
```

（5）扫描表中的数据

只获取一行数据显然不能满足全部需求，要获取表中的所有数据应该怎么操作呢？这时 Scan、ResultScanner 对象就派上用场了，这两个对象的用法如下。

```
1.  Scan scan = new Scan();
2.  ResultScanner scanner = table.getScanner(scan);
3.  try {
4.      for (Result scannerResult: scanner) {
5.          System.out.println("Scan: " + scannerResult);
6.           byte[] row = scannerResult.getRow();
```

```
7.              System.out.println("rowName: " + new String(row, "utf-8"));
8.          }
9.  } finally {
10.     scanner.close();
11. }
```

这样就能将指定表中的数据全部输出到控制台上了。运行上述代码，会看到类似这样的结果：

```
Scan: keyvalues={row1/data: 1/1542657887632/Put/vlen=6/seqid=0} rowName:
row1 Scan: keyvalues={row2/data: 2/1542657887634/Put/vlen=6/seqid=0} rowName:
row2
```

（6）删除表

和 HBase Shell 的操作一样，在 Java 中要删除表需要先禁用它，然后再删除，代码如下。

```
TableName tableName = TableName.valueOf("test");
admin.disableTable(tableName);      //禁用表
admin.deleteTable(tableName);       //删除表
```

习　题

1. 简述 HBase 的基本特征及适用场景。

2. 简述 HBase 的数据读写流程。

3. HBase 宕机了该如何处理？

4. 简述 HBase 的 RowKey 设计原则。

5. 按以下要求创建表。

① 学生可以选择多个课程，每个课程可以被多个学生选择。

② 可以查询某个学生所选的课程列表。

③ 可以查询选某个课程的学生列表。

④ 学生可以修改所选的课程。

提示：学生与课程之间是多对多关系，可以创建三张表——学生表、课程表、学生课程关系表。

第 6 章　分布式计算框架 MapReduce

MapReduce 是 Hadoop 的一个核心框架，使用该框架编写的应用程序能以一种可靠的方式并行处理大型集群（数千个节点）中的大量数据（TB 级别以上），也可以对大数据进行加工、挖掘和优化等。

本章主要介绍 MapReduce 的相关知识，内容要点如下。

- MapReduce 简介
- MapReduce 的计算模型
- MapReduce 的工作原理
- MapReduce 编程实践

6.1　MapReduce 简介

Hadoop 实现了 Google 的 MapReduce 编程模型，提供了简单易用的编程接口，也提供了自己的 HDFS。与 Google 不同的是，Hadoop 是开源的，任何人都可以使用这个框架进行并行编程。如果说分布式并行编程的难度足以让普通程序员望而生畏，Hadoop 的出现则极大地降低了它的门槛。基于 Hadoop 的编程非常简单，无须任何并行编程经验，就可以轻松地开发出分布式并行程序，并让其同时运行在数百台机器上，在短时间内完成海量数据的计算。事实上，随着云计算的普及，任何人都可以轻松获得这样的海量计算能力。

MapReduce 将复杂的、运行于大规模集群上的并行计算过程高度抽象为两个函数：Map 和 Reduce。适合用 MapReduce 处理的数据集（或任务）需要满足一个基本要求：待处理的数据集可以分解成许多小数据集，而且每个小数据集都可以完全并行地进行处理。

6.2　MapReduce 的计算模型

在 Hadoop 中，用于执行计算任务（MapReduce 任务）的机器有两个角色，一个是 JobTracker，另一个是 TaskTracker，前者用于管理和调度任务，后者用于执行任务。

一般来说，一个 Hadoop 集群由一个 JobTracker 和多个 TaskTracker 构成。每个计算任务都可以分为 Map 阶段和 Reduce 阶段。其中，Map 阶段负责接收一组<Key,Value>对形式的输入数据，并产生同样是<Key,Value>对形式的另一组或一批中间数据；Reduce 阶段负责接收 Map 阶段产生的中间数据，然后对这个结果进行处理并输出结果。

这里举个很简单的例子，有一个程序用来进行词频统计，那么 Map 阶段可以提取文本中的所有单词并产生 n 个<word,1>这种形式的中间数据；而 Reduce 阶段可以对这些中间数据进行处理，转换成<word,n>这样的输出数据，如图 6-1 所示。

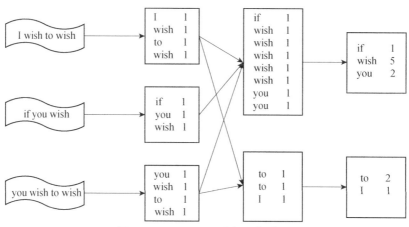

图6-1　MapReduce 进行词频统计

6.3　MapReduce 的工作原理

（1）MapReduce 1.X 的架构

MapReduce 1.X 采用 Master/Slaver 架构，由一个 JobTracker 和多个 TaskTracker 组成，并且在 Client 中提供一系列 API 供编程和管理使用。

MapReduce 的架构主要由四部分组成，分别是 Client、JobTracker、TaskTracker 及 Task，如图 6-2 所示。

① Client（用户端）。用户编写的 MapReduce 程序通过 Client 提交给 JobTracker，用户可以通过 Client 提供的接口查看任务运行状态。

② JobTracker。JobTracker 负责资源管理和任务调度，监控所有 TaskTracker 的健康状况，一旦发现任务失败，就将相应的任务转移到其他节点上。JobTracker 会跟踪任务的执行进度、资源使用量等信息，并将这些信息告诉任务调度器（TaskScheduler），而任务调度器会在资源空闲时选择合适的任务去使用这些资源。

③ TaskTracker（任务跟踪器）。TaskTracker 会周期性地通过"心跳"信息将本节点的资源使用情况和任务执行进度汇报给 JobTracker，同时接收 JobTracker 发送来的命令并执行相应的操作。TaskTracker 使用"Slot"划分本节点的资源（Slot 代表计算资源，如 CPU、内存等）。一个 Task 获取一个 Slot 后才有机会运行，而任务调度器的作用是将各个 TaskTracker 上的空闲 Slot 分配给 Task。Slot 分为 Map Slot 和 Reduce Slot，分别供 MapTask 和 ReduceTask 使用。

④ Task。Task 分为 MapTask 和 ReduceTask，均由 TaskTracker 启动。MapTask 的处理流程分为五个阶段，如图 6-3 所示。

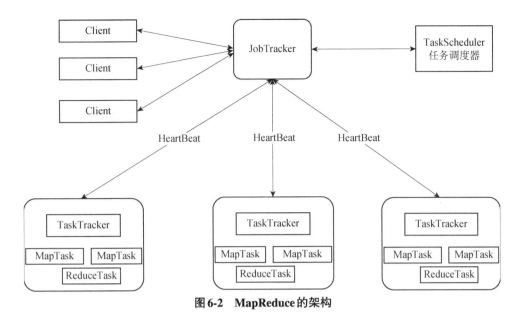

图6-2　MapReduce的架构

- read 阶段：通过 RecordReader 从 InputSplit 分区中将数据解析成一个个<Key,Value>对。
- map 阶段：将 RecordReader 解析出的<Key,Value>对交给 map()方法处理，并生成一个个新的 <Key,Value>对。
- collect 阶段：新生成的<Key,Value>对由 OutpCollector.collect()方法写入内存中的环形数据缓冲区。
- spill 阶段：环形缓冲区达到一定阈值后，将数据写到本地磁盘上，生成一个 spill 文件。在写文件之前，先将数据进行一次本地排序，必要时（按配置要求）对数据进行压缩。
- combine 阶段：当所有数据处理完后，将所有临时 spill 文件进行合并，最终生成一个数据文件。

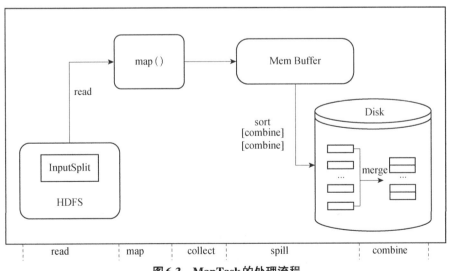

图6-3　MapTask的处理流程

ReduceTask 的处理流程分为四个阶段。

● copy 阶段：ReduceTask 从各个 MapTask 上远程复制一个分区，并针对某个分区，如果其大小超过一定阈值，则写到磁盘中，否则直接放到内存中。

● merge 阶段：在远程复制分区的同时，ReduceTask 启动两个后台线程，分别对内存和磁盘中的文件进行合并，防止内存使用过多或磁盘中的文件过多。

● sort 阶段：按照 MapReduce 的语义，编写 reduce()函数的输入数据是按 Key 进行聚集的一组数据，如(hello,Iterable(1,1,1,1))。为了将 Key 相同的数据聚集在一起，Hadoop 采用了基于排序的策略。由于各个 MapTask 已经对自己的处理结果进行了局部排序，因此 ReduceTask 只需要对所有数据进行排序。

● reduce 阶段：reduce()函数将计算结果写到 HDFS 中，默认使用 TextOutputFormat 类。

（2）MapReduce 2.X 的架构（YARN 架构）

在 MapReduce 1.X 中，全局唯一的 JobTracker 存在单点故障问题，并且 JobTracker 同时负责资源管理和任务调度，节点的工作压力很大。因此在 MapReduce 2.X 中，对原本的架构进行了优化，采用 YARN 架构。

YARN 将 MapReduce 1.X 中的 JobTracker 拆分成两个独立的组件：ResourceManager 和 ApplicationMaster。各个组件的功能如下，YARN 的工作流程如图 6-4 所示。

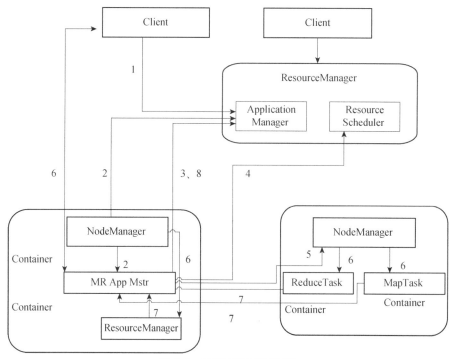

图 6-4　YARN 的工作流程

① ResourceManager。全局资源管理器，负责整个集群的资源管理和分配，主要由负责资源分配的调度器和负责应用程序提交协商的应用程序管理器组成。

② ApplicationMaster。用户提交的每个应用程序/任务都带有一个 ApplicationMaster（即图 6-4 中的 MR App Mstr），负责与 ResourceManager 中的调度器通信获得资源，将得到的任务进行分配，监控任务的执行情况。

③ NodeManager。集群中的每个节点都会运行一个 NodeManager 进程，NodeManager 向

ResourceManager 汇报本节点的各种信息，并且接受来自 ApplicationMaster 的任务分配信息。

④ Container。与 MapReduce 1.X 中的 Slot 类似，Container 是 YARN 中的资源抽象，可以对节点的资源（如 CPU、内存、磁盘等）进行封装。YARN 为每个任务分配一个 Container。Container 与 Slot 的区别在于，Container 可以进行资源的动态划分，而 Slot 不能改变自身所包含资源的多少。

在 YARN 框架中执行一个 MapReduce 程序时，需要经历以下 8 个步骤。

① 用户编写用户端应用程序，向 YARN 提交应用程序，提交的内容包括 ApplicationMaster 程序、启动 ApplicationMaster 的命令、用户程序等。

② YARN 中的 ResourceManager 负责接收和处理来自用户端的请求。接收到用户端应用程序请求后，ResourceManager 里的调度器会为应用程序分配一个容器。同时，ResourceManager 的应用程序管理器会与该容器所在的 NodeManager 通信，为该应用程序在容器中启动一个 ApplicationMaster（即图 6-4 中的 MR App Mstr）。

③ ApplicationMaster 被创建后首先向 ResourceManager 申请注册，从而使用户可以通过 ResourceManager 直接查看应用程序的运行状态。接下来的④～⑦是具体的应用程序运行步骤。

④ ApplicationMaster 采用轮询的方式通过 RPC 协议向 ResourceManager 申请资源。

⑤ ResourceManager 以容器的形式向提出申请的 ApplicationMaster 分配资源，一旦 ApplicationMaster 申请到资源，就会与该容器所在的 NodeManager 进行通信，要求它启动任务。

⑥ 当 ApplicationMaster 要求容器启动任务时，它会为任务设置好运行环境（包括环境变量、JAR 包、二进制程序等），然后将任务启动命令写到一个脚本中，在容器中运行该脚本以启动任务。

⑦ 各个任务通过 RPC 协议向 ApplicationMaster 汇报自己的状态和进度，让 ApplicationMaster 可以随时掌握各个任务的运行状态，从而可以在任务失败时重新启动任务。

⑧ 应用程序运行完成后，ApplicationMaster 向 ResourceManager 的应用程序管理器注销并关闭自己。若 ApplicationMaster 失败，ResourceManager 的应用程序管理器会监测到失败，然后将其重新启动，直到所有任务执行完毕。

6.4　MapReduce 编程实践

MapReduce 应用广泛的原因之一是它的易用性，它提供了一个因高度抽象化而变得异常简单的编程模型。MapReduce 是在总结大量应用的共同特点的基础上抽象出来的分布式计算框架，它适用的应用场景有一个共同的特点：任务可被分解成相互独立的子任务。基于该特点，MapReduce 编程模型给出了分布式编程方法，分为 5 个步骤。

① 迭代：遍历输入数据，将之解析成<Key,Value>对；
② 将输入的<Key,Value>对映射成另一些<Key,Value>对；
③ 依据 Key 对中间数据进行分组；
④ 以组为单位对数据进行规约（Reduce）；

⑤ 将最终产生的<Key,Value>对保存到输出文件中。

为了实现 MapReduce 编程模型，Hadoop 设计了一系列对外编程接口。由 MapReduce 的命名特点可以看出，MapReduce 由两个阶段组成：Map 阶段和 Reduce 阶段。用户只需要编写 map() 和 reduce() 两个方法，即可完成简单的分布式程序。

map() 方法将<Key,Value>对作为输入数据，产生一系列<Key,Value>对，作为中间数据写入本地磁盘中。MapReduce 框架会自动将这些中间数据按照 Key 进行聚集，Key 相同（用户可以设定聚集策略，默认对 Key 进行 Hash 取模）的数据被统一交给 reduce() 方法处理。

reduce() 方法将 Key 及对应的 Value 列表作为输入数据，合并 Key 相同的 Value 后，产生一系列<Key,Value>对作为最终输出数据写入 HDFS 中。

6.4.1 MapReduce 程序的编写步骤

Hadoop 支持多种语言开发 MapReduce 程序，但是对 Java 的支持最好，提供了很多方便的 Java API 接口。

如何使用 Java 编写一个 MapReduce 程序呢？编写一个 MapReduce 程序需要新建三个类：Mapper 类、Reducer 类、程序执行主类。当然，Mapper 类和 Reducer 类也可以作为内部类放在程序执行主类中。具体编写步骤如下。

（1）Maven 项目的 pom.xml 文件的配置

```
<dependencies>
  <dependency>
   <groupId>org.apache.hadoop</groupId>
   <artifactId>Hadoop client</artifactId>
   <version>2.7.7</version>
  </dependency>
  <dependency> <!-- 配置测试依赖-->
   <groupId>junit</groupId>
   <artifactId>junit</artifactId>
   <version>4.10</version>
   <scope>test</scope>
  </dependency>
 </dependencies>
```

（2）新建 Mapper 类

新建一个自定义 Mapper 类 MyMapper.java，该类需要继承 MapReduce API 提供的 Mapper 类并重写 Mapper 类中的 map() 方法。

```
1.  public static class MyMapper extends Mapper<Object, Text, Text,
IntWritable> {
2.       //......
3.  public void map(Object key, Text value, Mapper<Object, Text, Text,
IntWritable>.Context context)  {
4.           //......
5.          }
6.       }
```

上述代码中的 map() 方法有三个参数，解析如下。

● Object key：输入文件中每一行的起始位置，即从输入文件中解析出的<Key,Value>对中的 Key，类型为 LongWritable。

- Text value：输入文件中每一行的内容，即从输入文件中解析出的<Key,Value>对中的 Value。
- Context context：程序上下文。

MapReduce 框架会自动调用 map()方法并向其传入所需参数的值。传入的每个<Key,Value>对将调用一次 map()方法。

（3）新建 Reducer 类

新建一个自定义 Reducer 类 MyReducer.java，该类需要继承 MapReduce API 提供的 Reducer类并重写 Reducer 类中的 reduce()方法。

```
1.  public static class MyReducer extends Reducer<Text, IntWritable, Text,
IntWritable> {
2.          //......
3.      public void reduce(Text key, Iterable<IntWritable> values, Reducer<
Text, IntWritable, Text, IntWritable>.Context context) {
4.          //......
5.  }
```

上述代码中的 reduce()方法有三个参数，解析如下。

- Text key：Map 任务输出的 Key。
- Iterable<IntWritable> values：Map 任务输出的 Value 的集合（相同 Key 的集合）。
- Context context：程序上下文。

MapReduce 框架会自动调用 reduce()方法并向其传入所需参数的值。传入的每个<Key,Value>对都会调用一次 reduce ()方法。

（4）新建程序执行主类

程序执行主类是 MapReduce 程序的入口类，主要用于启动一个 MapReduce 任务。新建一个程序执行主类 MyMRApplication.java，在该类的 main()方法中添加任务的配置信息，并指定任务的自定义 Mapper 类和 Reducer 类。

（5）提交程序到集群

提交程序之前需要启动 Hadoop 集群，包括 HDFS 和 YARN，因为 HDFS 存储了 MapReduce程序的数据来源，而 YARN 负责 MapReduce 任务的执行、调度及集群的资源管理。

6.4.2　编写词频统计程序

（1）程序的任务

WordCount 是"Hadoop 世界"的第一个"Hello World"程序。WordCount 程序用于统计文本中出现的词的数量，从而得到词频，默认根据空格、制表符、换行符、回车符分割字符串。WordCount 程序的任务如表 6-1 所示，输入和输出实例如表 6-2 所示。

表 6-1　WordCount 程序的任务

输入	一个包含大量单词的文本文件
输出	文本中的每个单词及其出现次数（频数）； 每个单词和其频数占一行，单词和频数之间有间隔

表 6-2　WordCount 程序的输入和输出实例

输入	输出
I wish to wish If you wish you wish to wish	If 1 wish 5 you 2 to 2 I 1

（2）WordCount 程序的设计思路

首先，检查 WordCount 程序是否可以采用 MapReduce 实现。其次，确定 MapReduce 程序的设计思路。最后，确定 MapReduce 程序的执行过程。

（3）WordCount 程序的执行过程

① Map 处理类的编写。

```
1.  public static class MyMapper extends
2.    Mapper<Object, Text, Text, IntWritable> {
3.      private static final IntWritable one = new IntWritable(1);
4.      private Text word = new Text();
5.      public void map(Object key, Text value,
6.        Mapper<Object, Text, Text, IntWritable>.Context context)
7.      throws IOException, InterruptedException {
8.        // 默认根据空格、制表符、换行符、回车符分割字符串
9.        StringTokenizer itr = new StringTokenizer(value.toString());
10.       // 循环输出每个单词及其频数
11.       while (itr.hasMoreTokens()) {
12.         this.word.set(itr.nextToken());
13.       // 输出单词与频数
14.       context.write(this.word, one);
15.       }
16.     }
17.  }
```

② Reduce 处理类的编写。

```
1.  public static class MyReducer extends
2.    Reducer<Text, IntWritable, Text, IntWritable> {
3.      private IntWritable result = new IntWritable();
4.
5.      public void reduce(Text key, Iterable<IntWritable> values,
6.         Reducer<Text, IntWritable, Text, IntWritable>.Context context)
7.      throws IOException, InterruptedException {
8.        // 统计单词总数
9.        int sum = 0;
10.       for (IntWritable val : values) {
11.        sum += val.get();
12.       }
13.       this.result.set(sum);
14.       // 输出统计结果
15.       context.write(key, this.result);
16.     }
17.  }
```

③ 主程序的编写。

```
1.   /** 单词计数类 **/
2.   public class WordCount {
3.     // 程序入口main函数
4.     public static void main(String[] args) throws Exception {
5.       // 初始化Configuration类
6.       Configuration conf = new Configuration();
7.       // 通过实例化对象GenericOptionsParser可以获得程序执行所传入的参数
8.       String[] otherArgs = new GenericOptionsParser(conf, args).getRema
iningArgs();
9.       if (otherArgs.length < 2) {
10.        System.err.println("Usage: wordcount <in> [<in>...] <out>");
11.        System.exit(2);
12.      }
13.      // 构建任务对象
14.      Job job = Job.getInstance(conf, "word count");
15.      job.setJarByClass(WordCount.class);
16.      job.setMapperClass(MyMapper.class);
17.      job.setCombinerClass(MyReducer.class);
18.      job.setReducerClass(MyReducer.class);
19.      // 设置输出结果的数据类型
20.      job.setOutputKeyClass(Text.class);
21.      job.setOutputValueClass(IntWritable.class);
22.      for (int i = 0; i < otherArgs.length - 1; i++) {
23.        // 设置需要统计的文件的输入路径
24.        FileInputFormat.addInputPath(job, new Path(otherArgs[i]));
25.      }
26.      // 设置统计结果的输出路径
27.      FileOutputFormat.setOutputPath(job, new Path(
28.        otherArgs[(otherArgs.length - 1)]));
29.      // 提交任务给Hadoop集群
30.      System.exit(job.waitForCompletion(true) ? 0 : 1);
31.    }
32. }
```

④ 放入 Hadoop 平台中执行，WordCount 程序的执行过程如图 6-5 所示。

● 打包成 wordcount.jar 包。

● 上传 JAR 包到 Hadoop 用户目录下。

● 在 Hadoop 用户目录下，生成一个测试文档 wc.input，在里面填入一些单词，用空格分隔。

```
[hadoop@hp4411s ~]$ cat wc.input
I wish to wish the wish you wish to wish
but if you wish the wish the witch wishes
I won't wish the wish you wish to wish
```

● 将 wc.input 文档上传到 HDFS 中的/demo/input 目录下。

```
hadoop fs -mkdir -p /demo/input
hadoop fs -put wc.input /demo/input
hadoop fs -ls /demo/input
```

● 用 Hadoop 执行 JAR 包，输出结果到/demo/output 目录下。注意：output 目录不能存在，Hadoop 会自己建立这个目录，这是 Hadoop 内部的一个机制，如果有这个目录，程序无法运行。

```
hadoop jar wordcount.jar /demo/input /demo/output
```

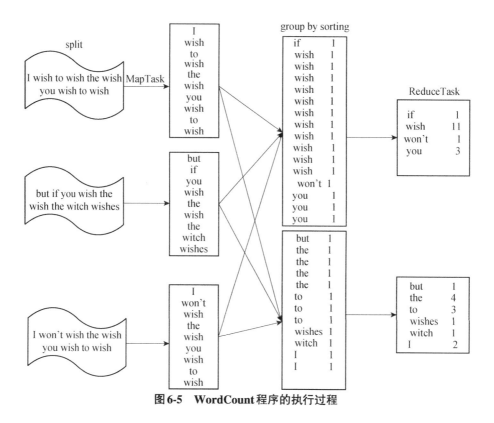

图 6-5　WordCount 程序的执行过程

● 查看运行结果，如果目录下有 _SUCCESS 文件，表示执行成功，结果在 part-r-00000 文件中。

```
[hadoop@hp4411s ~]$ hadoop fs -ls /demo/output
Found 2 items
-rw-r--r--   1 hadoop supergroup          0 2021-01-30 03:42 /demo/output/
_SUCCESS
-rw-r--r--   1 hadoop supergroup         73 2021-01-30 03:42 /demo/output/
part-r-00000
```

● 查看 part-r-00000 文件。

```
[hadoop@hp4411s ~]$ hadoop fs -cat /demo/output/part-r-00000
```

6.4.3　编写求多门课程平均成绩的程序

对输入文件中的三科成绩进行计算，得出每个学生的平均成绩。输入文件中的每行内容为一个学生的姓名和其相应学科的成绩。要求输出结果中每行有两个数据，其中第一个代表学生的姓名，第二个代表其平均成绩。

文件 math.txt 的内容如下。

```
张三 88
李四 99
王五 66
赵六 77
```

文件 chinese.txt 的内容如下。

张三　78
李四　89
王五　96
赵六　67

文件 english.txt 的内容如下。

张三　80
李四　82
王五　84
赵六　86

编写程序计算后的运行结果为:

张三　82
李四　90
王五　82
赵六　76

程序的运行流程如图 6-6 所示。

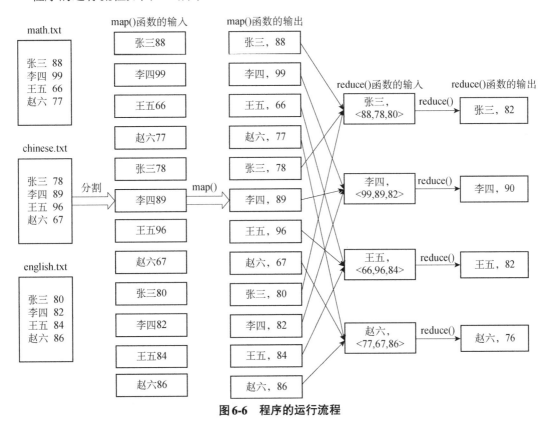

图6-6　程序的运行流程

程序代码为:

```
1.   import java.io.IOException;
2.   import java.util.Iterator;
3.   import java.util.StringTokenizer;
4.   import org.apache.hadoop.conf.Configuration;
5.   import org.apache.hadoop.fs.Path;
```

```
6.  import org.apache.hadoop.io.IntWritable;
7.  import org.apache.hadoop.io.LongWritable;
8.  import org.apache.hadoop.io.Text;
9.  import org.apache.hadoop.mapreduce.Job;
10. import org.apache.hadoop.mapreduce.Mapper;
11. import org.apache.hadoop.mapreduce.Reducer;
12. import org.apache.hadoop.mapreduce.lib.input.FileInputFormat;
13. import org.apache.hadoop.mapreduce.lib.input.TextInputFormat;
14. import org.apache.hadoop.mapreduce.lib.output.FileOutputFormat;
15. import org.apache.hadoop.mapreduce.lib.output.TextOutputFormat;
16. /**
17.  * 求平均分例子
18.  */
19. public class Score {
20.
21.     public static class Map extends Mapper<LongWritable, Text, Text,
IntWritable> {
22.                     // 实现map()函数
23.                     public void map(LongWritable key, Text value, Context
context)
24.                         throws IOException, InterruptedException {
25.                     // 将输入的一行数据转化成字符串
26.                     // String line = value.toString();
27.                     // 处理中文乱码,Hadoop默认是UTF-8编码方式,如果是中文GBK编码
字符,则会出现乱码,需要用下面的方式进行转码
28.                     String line = new String(value.getBytes(), 0, value.
getLength(), "UTF-8");
29.                     // 将输入的一行数据默认按空格、制表符、换行符、回车符进行分割,也
可以加入一个参数指定分隔符
30.                     StringTokenizer itr = new StringTokenizer(line);
31.                   String strName = itr.nextToken();// 学生姓名部分
32.                     String strScore = itr.nextToken();// 成绩部分
33.                     Text name = new Text(strName);
34.                     int scoreInt = Integer.parseInt(strScore);
35.                     // 输出姓名和成绩
36.                     context.write(name, new IntWritable(scoreInt));
37.                     }
38.     }
39. public static class Reduce extends  Reducer<Text, IntWritable, Text,
IntWritable> {
40.                     // 实现reduce()函数
41.                     public void reduce(Text key, Iterable<IntWritable>
values, Context context)
42.                         throws IOException, InterruptedException {
43.                     int sum = 0;
44.                     int count = 0;
45.                     Iterator<IntWritable> iterator = values.iterator();
46.                     while (iterator.hasNext()) {
47.                     sum += iterator.next().get();// 计算总分
48.                     count++;// 统计科目数
49.                     }
50.                 int average = (int) sum / count;// 计算平均成绩
51.                     // 输出姓名和平均成绩
52.                     context.write(key, new IntWritable(average));
53.                     }
54.     }
55. public static void main(String[] args) throws Exception {
56.     Configuration conf = new Configuration();
```

```
57.        Job job = Job.getInstance(conf, "Score Average");
58.        job.setJarByClass(Score.class);
59.        // 设置Map、Reduce处理类
60.        job.setMapperClass(Map.class);
61.        job.setReducerClass(Reduce.class);
62.        // 设置输出类型
63.        job.setOutputKeyClass(Text.class);
64.        job.setOutputValueClass(IntWritable.class);
65.        // 将输入的数据集分割成小数据块split，提供一个RecordReader的实现
66.        job.setInputFormatClass(TextInputFormat.class);
67.        // 提供一个RecordWriter的实现，负责数据输出
68.        job.setOutputFormatClass(TextOutputFormat.class);
69.        // 设置输入和输出目录
70.        FileInputFormat.addInputPath(job, new Path("file:///home/hadoop/
input"));
71.        FileOutputFormat.setOutputPath(job, new Path("file:///home/hadoop/
output"));
72.        System.exit(job.waitForCompletion(true) ? 0 : 1);
73.    }
74. }
```

习　　题

1. 数据去重问题。已知有两个文件 file1.txt 和 file2.txt，需要对这两个文件中的数据进行合并、去重。

file1.txt 文件的内容如下。

```
20220101      x
20220102      y
20220103      x
20220104      y
20220105      z
20220106      x
```

file2.txt 文件的内容如下。

```
20220101      y
20220102      y
20220103      x
20220104      z
20220105      y
```

根据输入文件 file1.txt 和 file2.txt 合并得到的输出文件 file.txt 的内容如下。

```
20220101      x
20220101      y
20220102      y
20220103      x
20220104      y
20220104      z
20220105      y
20220105      z
20220106      x
```

2. 给定手机号码消费明细，每行数据格式为：

```
1363157985066 13726230503 00-FD-07-A4-72-B8:CMCC 120.196.100.82 ty 12 27
2481 24681 200
```

具体的含义分别为访问日期、手机号码、MAC 地址、IP 地址、网站名称、上行数据包、下行数据包、上行总流量、下行总流量、运行状态码。

编写 MapReduce 任务，输出形式为：手机号码、上行总流量、下行总流量、总流量。

注：总流量=上行总流量+下行总流量。

第 7 章　数据仓库 Hive

Hive 是 Hadoop 中的一个重要子项目，它利用 MapReduce 编程技术，实现了部分 SQL 语句，提供了类 SQL 的编程接口。Hive 的出现极大地推进了 Hadoop 在数据仓库方面的发展。Hive 是基于 Hadoop 的一个数据仓库工具，用来进行数据提取、转化、加载，可以存储、查询和分析存储在 Hadoop 中的大规模数据。Hive 能将结构化的数据文件映射为一张表，并提供 SQL 查询功能，将 SQL 语句转变成 MapReduce 任务执行。Hive 的优点是学习成本低，可以通过类似 SQL 的语句实现快速 MapReduce 统计，使 MapReduce 变得更加简单，而不必开发专门的 MapReduce 应用程序。

本章将对基于 Hive 的数据仓库解决方案进行介绍，内容要点如下。

- Hive 简介
- Hive 的架构
- Hive 的数据类型及应用
- Hive 的数据模型
- DDL 的应用
- DML 的应用
- JDBC 访问

7.1　Hive 简介

7.1.1　Hive 概述

Hive 是一个基于 Hadoop 的开源数据仓库工具，用于存储和处理海量结构化数据。它是由 Facebook 开发的一个数据仓库框架，提供了 Hive 查询语言（简称 HiveQL 或 HQL）来查询存储在 Hadoop 集群中的数据。Hive 最适合用于数据仓库应用程序，使用该应用程序进行相关的静态数据分析不需要快速响应并给出结果，而且数据本身不会频繁变化。

Hive 不是一个完整的数据库。Hadoop 以及 HDFS 的设计约束了 Hive 所能胜任的工作。其中最大的限制是 Hive 不支持记录级别的更新、插入或删除操作，但是用户可以通过查询生成新表或者将查询结果导入文件中。同时，因为 Hadoop 是一个面向批处理的系统，而 MapReduce 任务的启动过程需要消耗较长时间，所以 Hive 的查询延迟比较高。

最后需要说明的是，Hive 不支持事务，也就是不支持增、删、改等操作。因此，Hive 不支持联机事务处理（On-Line Transaction Processing, OLTP）所需要的关键功能，而更接近于一个联机分析处理（On-Line Analytical Processing，OLAP）工具。但是由于 Hadoop 本身的时间开销很大，并且 Hadoop 处理的数据规模非常大，因此提交查询和返回结果可能具有非常高的延迟，所以 Hive 并没有满足 OLAP 中的"联机"部分。如果用户需要对大规模数据使用 OLTP 功能，那么应该选择非关系型数据库。

7.1.2　Hive 的优缺点

Hive 使用类 SQL 查询语法，最大限度地实现了和 SQL 标准的兼容，大大降低了传统数据分析人员学习的难度；同时使用 JDBC/ODBC 接口，使开发人员更易开发应用；Hive 将 MapReduce 作为计算引擎，将 HDFS 作为存储系统，具有超大数据集的计算和扩展能力；它具有统一的元数据管理服务（Derby、MySQL 等），并可与 Pig、Presto 等共享；同时 Hive 还支持用户自定义函数，用户可以根据自己的需求来定义函数。

当然，Hive 也存在不少缺点。由于 Hive 基于 MapReduce 计算引擎，涉及过多的磁盘 I/O，因此 Hive 的延迟比较高，适用于大量数据的统计分析，主要用于离线统计分析和实时要求不高的场合。Hive 的 HQL 表达能力有限，无法表达迭代算法。同时，由于 MapReduce 数据处理流程的限制，Hive 不能胜任数据挖掘方面的工作。一般而言，Hive 自动生成的 MapReduce 任务不够智能化，因而效率比较低，调优比较困难，粒度较粗。

7.1.3　Hive 和传统数据库的比较

由于 Hive 采用了类似 SQL 的查询语言 HQL（Hive Query Language），因此人们很容易将 Hive 理解为传统数据库。其实从结构上来看，Hive 和传统数据库除了拥有类似的查询语言，再无类似之处。

（1）查询语言

SQL 被广泛地应用在数据仓库中，因此，开发者专门针对 Hive 的特性设计了类 SQL 的查询语言 HQL。熟悉 SQL 的开发者可以很方便地使用 Hive 进行开发。

（2）数据存储位置

Hive 是建立在 Hadoop 之上的，Hive 的数据都存储在 HDFS 中。而传统数据库则可以将数据保存在块设备或者本地文件系统中。

（3）数据更新

Hive 是针对数据仓库应用设计的，而数据仓库的内容是"读多写少"的。因此，Hive 不支持对数据进行改写，所有数据都是在加载时确定好的。而传统数据库中的数据需要经常进行修改。

（4）索引

Hive 在加载数据的过程中不会对数据进行任何处理，甚至不会对数据进行扫描，因此也不会对数据中的某些 Key 建立索引。Hive 要访问满足条件的数据时，需要"暴力"扫描所有数据，因此访问延迟较高。由于 MapReduce 的引入，Hive 可以并行访问数据，即使没有索引，对于大数据量的访问，Hive 仍然可以体现出优势。

在传统数据库中，通常会针对一个或几个列建立索引，因此对于少量特定数据的访问，传统数据库有很高的效率和较低的延迟。

（5）执行

Hive 中大多数查询的执行是通过 Hadoop 提供的 MapReduce 实现的，而传统数据库通常有自己的执行引擎。

（6）执行延迟

Hive 在查询数据时，由于没有索引，需要扫描整张表，因此执行延迟较高。另一个导致 Hive 执行延迟高的因素是 MapReduce 框架。由于 MapReduce 本身具有较高的延迟，因此在利用 MapReduce 执行 Hive 查询时，也会有较高的延迟。

相对地，传统数据库的执行延迟较低。当然，这是有条件的，即数据规模较小。当数据规模大到超过传统数据库的处理能力时，Hive 的并行计算显然能体现出优势。

（7）可扩展性

由于 Hive 是建立在 Hadoop 之上的，因此 Hive 的可扩展性和 Hadoop 的可扩展性是一致的。而传统数据库的可扩展性非常有限。

（8）数据规模

由于 Hive 建立在集群上，可以利用 MapReduce 进行并行计算，因此可以支持很大规模的数据。对应地，传统数据库支持的数据规模较小。

7.2　Hive 的架构

Hive 架构在 Hadoop 之上，以 MapReduce 为执行环境，数据储存于 HDFS 中，元数据储存于 RDMBS 中，并提供了一系列工具，可以用来进行数据提取、转化、加载，这是一种可以存储、查询和分析储存在 Hadoop 中的大规模数据的机制。

作为基于 Hadoop 的数据仓库解决方案，HQL 是主要的交互接口，实际数据保存在 HDFS 文件中，真正的计算和执行则由 MapReduce 完成，而它们之间的桥梁是 Hive 引擎。

Hive 的架构如图 7-1 所示。

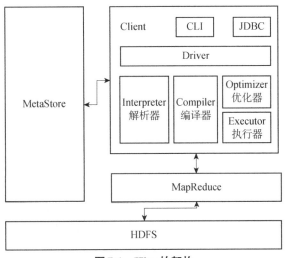

图7-1　Hive的架构

7.2.1　用户接口

（1）用户接口

用户接口主要有 3 个：Hive 命令行接口 CLI、Client 和 Web UI。

① 命令行接口（CLI）。最常用的用户接口是 CLI，CLI 启动时会同时启动一个 Hive 副本。CLI 主要包括以下内容。

```
DDL（数据描述语言）
生成表: create table; 删除表:drop table; 表改名:rename table;
变更表:alter table; 增加列:add column
Browsing（浏览）
show tables
describe table
cat table
查询 Queries
装载数据 Loading Data
```

② Client。Client 是 Hive 的用户端，用户通过 Client 连接至 HiveServer。启动 Client 模式时，需要指出 HiveServer 所在的节点，并且在该节点启动 HiveServer。Hive 支持多种数据库的整合，可通过 JDBC/ODBC 等驱动器访问 Hive，包括以下内容。

```
Hive JDBC Driver (Java)
Hive JDBC Driver (C++)
Hive Add-in for Excel (by Microsoft)
Thrift (C/C++、Python、Perl、PHP等)
```

③ Web UI。Web UI 通过浏览器访问 Hive，主要有以下内容。

MetaStore UI，它能浏览和导航系统中的所有表，给每个表和每个列加注释，也能抓取数据的依赖关系。

HiPal，它能通过鼠标交互式地构建 SQL 查询，并支持投影、过滤、分组和合并。

7.2.2　元数据库 MetaStore

元数据包括表所属数据库（默认是 default）、表的拥有者、表名及表的注释、字段及字段的注释、列/分区字段、表的类型（是否是外部表）、表所在目录等。而表的内容则存储在 HDFS 中，很多框架（例如 Atlas）通过监控元数据库 MetaStore 中的表信息来实现元数据管理。元数据默认存储在自带的 Derby 数据库中，一般采用 MySQL 存储 MetaStore（即用 MySQL 来存储元数据）。

7.2.3　驱动器 Driver

解析器（Interpreter）、编译器（Compiler）、优化器（Optimizer）用于完成 HQL 查询语句的词法分析、语法分析、编译、优化及查询计划。生成的查询计划存储在 HDFS 中，并由 MapReduce 调用执行器（Executor）执行。

Hive 的数据存储在 HDFS 中，大部分查询由 MapReduce 完成。Hive 与 Hadoop 的关系如

图 7-2 所示。

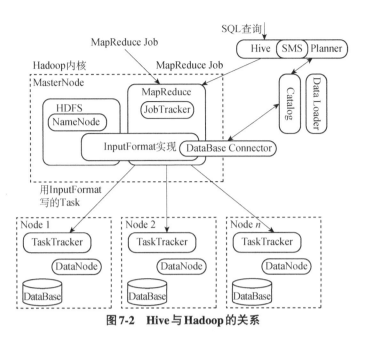

图 7-2　Hive 与 Hadoop 的关系

①　解析器（Interpreter）：将 SQL 字符串转换成抽象语法树（Abstract Syntax Tree，AST），这一步一般用第三方工具；对 AST 进行语法分析，例如表是否存在、字段是否存在、SQL 语义是否有误等。

②　编译器（Compiler）：将 AST 进行编译，生成逻辑执行计划。

③　优化器（Optimizer）：对逻辑执行计划进行优化。

④　执行器（Executor）：将逻辑执行计划转换成可以运行的物理计划。

7.3　Hive 的数据类型及应用

7.3.1　数据类型

（1）简单类型和复杂类型

Hive 的数据类型包括简单类型和复杂类型，如表 7-1 所示。简单类型包括整数（tinyint、smallint、int 和 bigint）、布尔型（boolean）、浮点数（float、double）和字符串（string）等。

表 7-1　Hive 的数据类型

Hive	MySQL	Java	长度	示例
tinyint	tinyint	byte	1 字节有符号整数	2
smallint	smallint	short	2 字节有符号整数	20
int	int	int	4 字节有符号整数	20

Hive	MySQL	Java	长度	示例
bigint	bigint	long	8 字节有符号整数	20
boolean	无	boolean	布尔类型，True 或 False	True
float	float	float	单精度浮点数	3.14159
double	double	double	双精度浮点数	3.14159
string	varchar	string	字符系列，可以指定字符集，可以使用单引号或双引号	"now is the time"
timestamp	timestamp		时间类型	122327493795
binary	binary		字节数组	/

Hive 有 3 种复杂数据类型：Array、Map 和 Struct。Array 和 Map 与 Java 中的 Array 和 Map 类似，而 Struct 与 C 语言中的 Struct 类似，它封装了一个命名字段集合。复杂数据类型允许任意层次的嵌套。

① Array：Array 是一组具有相同类型和名称的变量集合。这些变量称为数组的元素，每个数组元素都有一个编号，编号从 0 开始。

② Map：Map 是一组键值对元组集合，使用数组表示法可以访问数据。

③ Struct。可以通过 "." 访问元素内容。

（2）案例分析

① 创建本地测试文件 test.txt，内容如下。

```
wukong,bingbing_lili,xiao bai:18_xiao hei:19,hua guo shan_jiangsu_10010
zhubajie,caicai_susu,xiao hong:18_xiao lan:19,lian yun dong_gaolaozhuang_
10011
```

以第一行内容为例，字段的含义为：

```
{
    "name": "wukong",
    "friends": ["bingbing" , "lili"],        //Array
    "children": {                            //Map
        "xiao bai": 18,
        "xiao hei": 19
    }
    "address": {                             //Struct
        "street": "hua guo shan",
        "city": "jiangsu",
        "email": "10010"
    }
}
```

注意：Array、Map、Struct 的元素关系都可以用同一个字符表示，这里用 "_"。

② 在 Hive 中创建测试表 test，代码如下。

```
create table test(
name string,
friends array<string>,
children map<string, int>,
address struct<street:string,city:string,email:int>
```

```
)
row format delimited fields terminated by ','
collection items terminated by ' '
map keys terminated by ':'
lines terminated by '\n';
```

③ 导入文本数据到测试表中，代码如下。

```
0: jdbc:hive2://hadoop105:10000> load data local inpath '/opt/module/hive-
3.1.2/datas/test.txt' into table test;
```

④ 访问三种集合里的数据，以下分别是 Array、Map、Struct 的访问方式。

```
0: jdbc:hive2://hadoop105:10000>  select friends[1],children['xiao bai'],
address.city from test  where name="wukong";
+-------+------+----------+
| _c0 | _c1 | city |
+-------+------+----------+
| lili | 18 | jiangsu |
+-------+------+----------+
1 row selected (0.349 seconds)
```

7.3.2 数据类型转换

Hive 的数据类型是可以进行隐式转换的，类似于 Java 的数据类型转换，转换规则如下。
① 任何整数类型都可以隐式地转换为范围更广的类型，如 tinyint 类型可以转换成 int 类型，int 类型可以转换成 bigint 类型。
② 所有整数类型、float 和 string 类型都可以隐式地转换成 double 类型。
③ tinyint、smallint、int 类型可以转换为 float 类型。
④ boolean 类型不可以转换为其他类型。
可以使用 cast 操作进行数据类型转换，例如 cast('1' as int)会把字符串"1"转换成整数 1，如果强制类型转换失败，会执行 cast('x' as int)，返回 Null。

```
0: jdbc:hive2://hadoop105:10000> select '1'+2, cast('1'as int) + 2;
+------+------+--+
| c0 | c1 |
+------+------+--+
| 3.0 | 3 |
+------+------+--+
```

7.4 Hive 的数据模型

（1）表（Table）
Hive 中的 Table 和关系型数据库中的 Table 在概念上是类似的，每个 Table 都在 HDFS 中有一个对应的目录。例如，表 pvs 在 HDFS 中的存储路径为/wh/ pvs,其中 wh 是在 hive-site.xml 文件中由${hive.metastore.warehouse.dir}指定的数据仓库目录，所有表数据（不包括外部表）

97

都保存在这个目录中。

（2）分区（Partition）

Partition 类似于关系型数据库中的 Partition 列的密集索引，但 Hive 中的 Partition 的组织方式和关系型数据库有很大不同。在 Hive 中，表中的一个 Partition 对应表下的一个目录，所有 Partition 的数据都存储在对应的目录中。分区实际上对应一个 HDFS 文件系统中的独立文件夹，该文件夹下是该分区的所有数据文件。Hive 中的分区就是分目录，用于把一个大数据集根据业务需要分割成小数据集。在查询时通过 where 子句中的表达式选择查询所需要指定的分区，这样查询效率会提高很多。

（3）桶（Bucket）

分区提供一个隔离数据和优化查询的便利方式。不过，并非所有数据集都可形成合理的分区。对于表或分区，Hive 可以进一步组织成桶，也就是划分为更细的数据范围。分桶是将数据集分解成更容易管理的若干部分的一项技术。分区针对的是数据的存储路径，分桶针对的是数据文件。

（4）外部表（External Table）

External Table 指向已经在 HDFS 中存在的数据目录，它可以创建 Table 和 Partition。它和 Table 在元数据的组织方式上是相同的，而实际数据的存储则有较大的差异。Table 的创建和数据加载是两个过程（但这两个过程可以在同一个语句中完成）。在加载数据的过程中，实际数据会被移动到数据仓库目录中，之后直接在数据仓库目录中完成对数据的访问。删除表时，表中的数据和元数据将会被同时删除。但是，External Table 只有一个过程，即加载数据和创建表是同时完成的，实际数据存储在指定的 HDFS 路径中，并不会移动到数据仓库目录中。删除一个 External Table 时，仅删除元数据，表中的数据不会真正被删除。

例如，创建一个 External Table，名称为 etl，c1 列的类型是字符串，c2 列的类型是整数，External Table 的存储位置是/user/mytables/mydata，代码如下。

```
create external table et1(c1 string, c2 int) location '/user/mytables/
mydata';
```

7.5　DDL的应用

（1）创建数据库

创建数据库的代码如下，运行结果如图 7-3 所示。

```
hive> create database DATABASES;
```

```
hive> create database DATABASES;
OK
Time taken: 0.686 seconds
129998 [736dd5fe-8fbb-407e-a826-570a20b371aa main] INFO  CliDriver  - Time taken:
 0.686 seconds
```

图7-3　创建数据库的运行结果

（2）查看数据库

查看数据库的代码如下，运行结果如图 7-4 所示。

```
hive> show databases;
```

```
hive> show databases;
220930 [736dd5fe-8fbb-407e-a826-570a20b371aa main] INFO  hive.ql.exec.DDLTask  -
results : 4
OK
bigdate
databases
default
hive
Time taken: 0.159 seconds, Fetched: 4 row(s)
221060 [736dd5fe-8fbb-407e-a826-570a20b371aa main] INFO  CliDriver  - Time taken:
 0.159 seconds, Fetched: 4 row(s)
```

图7-4　查看数据库的运行结果

（3）切换数据库

切换数据库的代码如下，运行结果如图 7-5 所示。

```
hive> use DATABASES;
```

```
hive>  use DATABASES;
OK
Time taken: 0.052 seconds
383633 [736dd5fe-8fbb-407e-a826-570a20b371aa main] INFO  CliDriver  - Time taken:
 0.052 seconds
```

图7-5　切换数据库的运行结果

（4）删除数据库

删除数据库的代码如下。

```
hive> drop database if exists DATABASES;
```

（5）创建表

创建一个外部表，有 empno、ename、job、mgr、hiredate 等字段，代码如下。

```
hive> create external table if not exists default.emp(
empno int,
ename string,
job string,
mgr int,
hiredate string,
sal double,
comm double,
deptno int)
row format delimited fields terminated by '\t';
```

（6）查看所有表

查看所有表的代码如下。

```
hive> show tables;
```

（7）查看表信息

查看表信息的代码如下，运行结果如图 7-6 所示。

```
hive> desc emp;
```

（8）查看拓展描述信息

查看拓展描述信息的代码如下，运行结果如图 7-7 所示（注：desc 为 describe 的简写）。

```
hive> desc emp;
OK
empno                   int
ename                   string
job                     string
mgr                     int
hiredate                string
sal                     double
comm                    double
deptno                  int
Time taken: 0.144 seconds, Fetched: 8 row(s)
750983 [9a12b280-5551-4477-b9e2-406bccb534e6 main] INFO  CliDriver  - Time taken: 0.144
seconds, Fetched: 8 row(s)
```

图7-6　查看表信息的运行结果

```
hive> desc formatted emp
    > ;
OK
# col_name              data_type                   comment
empno                   int
ename                   string
job                     string
mgr                     int
hiredate                string
sal                     double
comm                    double
deptno                  int

# Detailed Table Information
Database:               default
OwnerType:              USER
Owner:                  hadoop
CreateTime:             Mon Dec 05 08:41:23 CST 2022
LastAccessTime:         UNKNOWN
Retention:              0
Location:               hdfs://localhost:9000/user/hive/warehouse/emp
Table Type:             EXTERNAL_TABLE
Table Parameters:
        COLUMN_STATS_ACCURATE   {\"BASIC_STATS\":\"true\",\"COLUMN_STATS\":{\"comm\":\"t
rue\",\"deptno\":\"true\",\"empno\":\"true\",\"ename\":\"true\",\"hiredate\":\"true\",\"
job\":\"true\",\"mgr\":\"true\",\"sal\":\"true\"}}
        EXTERNAL                TRUE
        bucketing_version       2
        numFiles                0
        numRows                 0
        rawDataSize             0
        totalSize               0
        transient_lastDdlTime   1670200883

# Storage Information
SerDe Library:          org.apache.hadoop.hive.serde2.lazy.LazySimpleSerDe
InputFormat:            org.apache.hadoop.mapred.TextInputFormat
OutputFormat:           org.apache.hadoop.hive.ql.io.HiveIgnoreKeyTextOutputFormat
Compressed:             No
Num Buckets:            -1
Bucket Columns:         []
Sort Columns:           []
Storage Desc Params:
        field.delim             \t
        serialization.format    \t
Time taken: 0.139 seconds, Fetched: 40 row(s)
831984 [9a12b280-5551-4477-b9e2-406bccb534e6 main] INFO  CliDriver  - Time taken: 0.139
seconds, Fetched: 40 row(s)
```

图7-7　查看拓展描述信息的运行结果

（9）删除表

删除表的代码如下。

```
hive> drop table emp;
```

7.6　DML的应用

1. 加载数据

（1）语法结构

```
LOAD DATA [LOCAL] INPATH 'filepath' [OVERWRITE] INTO
TABLE tablename [PARTITION (partcol1=val1, partcol2=val2 ...)]
```

① LOAD 操作只是单纯的复制/移动，将数据文件移动到 Hive 表对应的位置。

② filepath 可以是相对路径（例如 project/data1）、绝对路径（例如/user/hive/project/data1）、包含模式的完整 URL（例如 hdfs://NameNode:9000/user/hive/project/data1）。

③ LOCAL 关键字。如果指定了 LOCAL 关键字，那么 LOAD 命令会查找本地文件系统中的 filepath，将 filepath 中的文件复制到目标文件系统中。目标文件系统由表的位置属性决定。没有指定 LOCAL 关键字时，如果 filepath 指向的是一个完整的 URL，Hive 会直接使用这个 URL。如果路径不是绝对的，Hive 会将 filepath 指定的文件内容移动到 Table（或者 Partition）所指定的路径中。

④ OVERWRITE 关键字。如果使用了 OVERWRITE 关键字，则目标表（或分区）中的内容会被删除，然后将 filepath 指向的文件内容添加到目标表（或分区）中。如果目标表（或分区）中已有一个文件，并且文件名和 filepath 中的文件名冲突，那么现有的文件会被新文件替代。

（2）具体实例

创建一张表，代码如下。

```
hive (default)> create table student(id string, name string) row format
delimited fields terminated by '\t';
```

加载本地数据（LOCAL 关键字），代码如下。

```
hive(default)>load data local inpath '/home/hadoop/Downloads/dates/students.
txt' into table default.student;
```

加载 HDFS 文件系统的数据，代码如下。

```
hive (default)> load data inpath '/user/atguigu/hive/student.txt' into table
default.student;
```

加载数据，覆盖表中已有的数据，代码如下。

```
hive (default)> load data inpath '/user/atguigu/hive/student.txt' overwrite
into table default.student;
```

2. 插入数据

（1）语法结构

```
Standard syntax:
INSERT OVERWRITE  TABLE  tablename1 [PARTITION  (partcol1=val1, partcol2=
```

```
val2 ...)] select_statement1 FROM from_statement
   Multiple inserts:
   FROM from_statement
   INSERT OVERWRITE TABLE tablename1 [PARTITION (partcol1=val1, partcol2=
val2 ...)] select_statement1
   [INSERT OVERWRITE TABLE tablename2 [PARTITION ...] select_statement2] ...
   Dynamic partition inserts:
   INSERT OVERWRITE TABLE tablename PARTITION (partcol1[=val1], partcol2[=
val2] ...) select_statement FROM from_statement
```

（2）具体实例

创建一张表，代码如下。

```
hive (default)> create table student(id int, name string) partitioned by
(month string) row format delimited fields terminated by '\t';
```

以基本模式插入数据，代码如下。

```
hive (default)> insert into table  student partition(month='201709') values
(1,'wangwu');
```

根据单张表的查询结果插入数据，代码如下。

```
hive (default)> insert overwrite table student partition(month='201708')
select id, name from student where month='201709';
```

根据多张表的查询结果插入数据，代码如下。

```
hive (default)> from student
insert overwrite table student partition(month='201707') select id, name where
month='201709'
insert overwrite table student partition(month='201706') select id, name where
month='201709';
```

3. 导出数据

（1）语法结构

```
Standard syntax:
INSERT OVERWRITE [LOCAL] DIRECTORY directory1 SELECT...FROM...
Hive extension (multiple inserts):
FROM from_statement
INSERT OVERWRITE [LOCAL] DIRECTORY directory1 select_statement1
[INSERT OVERWRITE [LOCAL] DIRECTORY directory2 select_statement2] ...
```

（2）具体实例

导出文件到本地，代码如下，运行结果如图 7-8 所示。

```
hive(default)>insert overwrite local directory '/home/hadoop/datas/export/
student'select * from student;
```

将查询结果导出到 HDFS 中（没有 LOCAL 关键字），代码如下，运行结果如图 7-9 所示。

```
hive (default)> insert overwrite directory '/user/atguigu/student2' ROW
FORMAT DELIMITED FIELDS TERMINATED BY '\t' select * from student;
```

```
hive> insert overwrite local directory '/home/hadoop/datas/export/student'select * from student;
Query ID = hadoop_20221205112251_ebe5170e-6adc-48cb-aa26-b92ebb68480f
Total jobs = 1
Launching Job 1 out of 1
Number of reduce tasks is set to 0 since there's no reduce operator
Job running in-process (local Hadoop)
2022-12-05 11:22:53,053 Stage-1 map = 100%,  reduce = 0%
Ended Job = job_local1275115979_0005
Moving data to local directory /home/hadoop/datas/export/student
MapReduce Jobs Launched:
Stage-Stage-1:  HDFS Read: 2031 HDFS Write: 1950 SUCCESS
Total MapReduce CPU Time Spent: 0 msec
OK
Time taken: 1.674 seconds
8207065 [ef20c80b-78f0-41a1-b97d-46cf71a92bf1 main] INFO  CliDriver  - Time taken: 1.674 seconds
```

图 7-8　导出文件到本地的运行结果

```
hive> insert overwrite directory '/user/hadoop/student2' ROW FORMAT DELIMITED FIELDS TERMINATED BY '\
t' select * from student;
Query ID = hadoop_20221205112649_57646494-ea31-47c1-aaaf-273200adda8f
Total jobs = 3
Launching Job 1 out of 3
Number of reduce tasks is set to 0 since there's no reduce operator
Job running in-process (local Hadoop)
2022-12-05 11:26:51,545 Stage-1 map = 100%,  reduce = 0%
Ended Job = job_local1975600356_0006
Stage-3 is selected by condition resolver.
Stage-2 is filtered out by condition resolver.
Stage-4 is filtered out by condition resolver.
Moving data to directory hdfs://localhost:9000/user/hadoop/student2/.hive-staging_hive_2022-12-05_11-
26-49_968_8614183720391572540-1/-ext-10000
Moving data to directory /user/hadoop/student2
MapReduce Jobs Launched:
Stage-Stage-1:  HDFS Read: 2067 HDFS Write: 2014 SUCCESS
Total MapReduce CPU Time Spent: 0 msec
OK
Time taken: 1.62 seconds
8445592 [ef20c80b-78f0-41a1-b97d-46cf71a92bf1 main] INFO  CliDriver  - Time taken: 1.62 seconds
```

图 7-9　将查询结果导出到 HDFS 中的运行结果

7.7　JDBC 访问

下面以 HiveServer 2 为例，演示如何通过 JDBC 连接 Hive。

启动 HiveServer 2 服务，代码如下。

```
[hadoop@hadoop01 hive]$ bin/hiveserver2
```

启动 Beeline，代码如下。

```
[hadoop@hadoop01 hive]$ bin/beeline
Beeline version 1.2.1 by Apache Hive
beeline>
```

连接 HiveServer 2，代码如下。

```
beeline> !connect jdbc:hive2://hadoop01:10000
Connecting to jdbc:hive2://hadoop01:10000
Enter username for jdbc:hive2://hadoop01:10000: root
Enter password for jdbc:hive2://hadoop01:10000:
Connected to: Apache Hive (version 1.2.1)
Driver: Hive JDBC (version 1.2.1)
```

```
Transaction isolation: TRANSACTION_REPEATABLE_READ
0: jdbc:hive2://hadoop01:10000> show databases;
+----------------+--+
| database_name  |
+----------------+--+
| default        |
+----------------+--+
```

习　题

1. 简述 Hive 与 HBase 的区别。
2. 简述 Hive 与传统数据库的区别。
3. 简述 Hive 的架构及解析成 MapReduce 的过程。
4. 数据分析题：学生成绩分析。

数据样例如下，格式为：年份,学校,年龄,姓名,科目,成绩。

```
2013,北大,21,张三,语文,97
2013,北大,21,李四,语文,52
2013,北大,21,王五,语文,85
2012,清华,20,钦尧,英语,61
2015,北理工,23,冼殿,物理,81
2016,北科,24,况飘索,化学,92
2014,北航,22,孔须,数学,70
2012,清华,20,王脊,英语,59
2014,北航,22,方部盾,数学,49
2014,北航,22,东门雹,数学,77
```

选出 2014 年每个学校、每个科目分数排名前三的学生（提示：使用 row_number()函数）。

第 8 章 Spark Streaming

Spark 已成为当今大数据领域非常活跃、高效的大数据计算平台，很多互联网公司都使用 Spark 来实现核心业务。只要是和海量数据相关的领域，都有 Spark 的身影。Spark 提供了 Java、Scala、Python 的高级 API，支持一组丰富的高级工具，包括使用 SQL 进行结构化数据处理的 Spark SQL、用于机器学习的 MLlib、用于图形处理的 GraphX，以及用于实时流处理的 Spark Streaming。这些高级工具可以在同一个应用程序中组合使用，大大提高了开发效率，降低了开发难度。

本章介绍 Spark 的相关知识，内容要点如下。

- 流计算概述
- 流计算的概念
- Spark 概述
- Spark Standalone 模式的架构
- Spark Streaming 简介
- 编写 Spark Streaming 程序的基本步骤
- 创建 StreamingContext 对象
- Spark Streaming 数据源
- Spark Streaming 程序示例

8.1 流计算概述

流计算是一种典型的大数据计算模式，可以对源源不断的流数据进行实时处理和分析。Spark Streaming 是构建在 Spark 上的流计算框架，它扩展了 Spark 处理大规模流数据的能力，使 Spark 可以同时支持批处理与流处理。因此，越来越多的企业开始应用 Spark，逐渐从"Hadoop+Storm"架构转向 Spark 架构。

近年来，在 Web 应用、网络监控、传感监测等领域，兴起了一种新的数据密集型应用——流数据，即数据以大量、快速、变化的流形式持续到达。

流数据具有以下特征。

- 数据快速、持续到达，是"无穷无尽"的。
- 数据来源众多，格式复杂。

- 数据量大，但是一旦经过处理，要么被丢弃，要么被归档存储。
- 注重数据的整体价值，不过分关注个别数据。
- 数据顺序颠倒或不完整，系统无法控制将要处理的、新到达的数据元素的顺序。

大数据包括静态数据和动态数据（流数据），相应地，大数据计算包括批量计算和实时计算。很多企业为了支持决策分析而构建的数据仓库系统存放的大量历史数据就是静态数据。

批量计算以静态数据为对象，可以在充裕的时间内对海量数据进行批量处理，得到有价值的信息。例如 Hadoop 就是典型的批处理模型，由 HDFS 和 HBase 存放大量静态数据，由 MapReduce 负责对海量数据进行批量计算。

流数据不适合采用批量计算，因为流数据不适合用传统的关系模型建模。流数据必须采用实时计算，一般响应时间为秒级。当只需要处理少量数据时，实时计算并不困难；但是，在大数据时代，数据格式复杂，来源众多，数据量巨大，对实时计算提出了很大的挑战。因此，流数据的实时计算——流计算应运而生。数据的两种处理模型如图 8-1 所示。

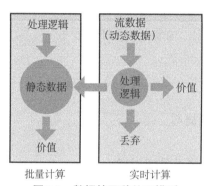

图8-1　数据的两种处理模型

流计算是针对流数据的实时计算，主要应用于产生大量流数据、对实时性要求高的领域。流计算一方面可用于金融服务，例如处理股票交易、银行交易等产生的大量实时数据；另一方面可应用于各种实时 Web 服务，例如搜索引擎、购物网站的实时广告推荐，大型网站、网店的实时用户访问情况分析等。

8.2　流计算的概念

流计算示意图如图 8-2 所示，流计算平台能实时获取来自不同数据源的海量数据，经过实时分析处理，获得有价值的信息。

对于一个流计算系统来说，它应达到以下要求。

- 高性能：能处理大量数据，例如每秒处理几十万条数据。
- 实时性：必须保证较低的延迟，达到秒级别，甚至毫秒级别。

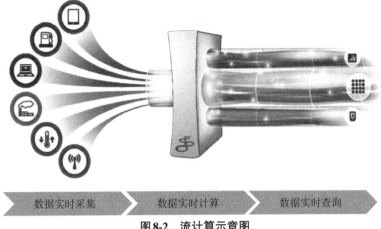

图8-2　流计算示意图

- 分布式：支持大数据的基本架构。
- 易用性：能快速进行开发和部署。
- 可靠性：能可靠地处理流数据。

针对不同的应用场景，相应的流计算系统有不同的需求，但是，针对海量数据的流计算，数据采集、数据处理都应该达到秒级别。

流计算一般包含三个处理流程：数据实时采集、数据实时计算、数据实时查询。

8.3　Spark 概述

Spark 是一个快速、通用的集群计算系统，是与 Hadoop 相似的开源集群计算环境，但 Spark 在工作负载方面表现得更加优越。Spark 的主要组件如图 8-3 所示，Spark 的核心（Spark Core）是一个对由很多计算任务组成的、运行在多个工作机器或一个计算集群上的应用进行调度、分发及监控的计算引擎。

图8-3　Spark 的主要组件

在 Spark Core 的基础上，Spark 提供了一系列面向不同应用需求的组件，这些组件关系密切并且可以相互调用，这样可以方便地在同一个应用程序中组合使用。

Spark 自带一个简易的资源调度器，称为独立调度器（Standalone）。若集群中没有任何资源管理器，则可以使用自带的独立调度器。当然，Spark 也支持在其他调度器上运行，包括 YARN、Mesos 等。

Spark 本身并没有提供分布式文件系统，因此 Spark 的分析大多依赖于 HDFS，也可以从 HBase 和 Amazon S3 中读取数据。

下面对 Spark 的主要组件进行讲解。

（1）Spark Core

Spark Core 主要负责任务调度、内存管理、错误恢复、与存储系统进行交互等。弹性分布式数据集（Resilient Distributed Dataset，RDD）表示分布在多个计算节点上的可以并行操作的元素集合，是 Spark 的主要编程抽象。Spark Core 提供了创建和操作这些集合的多个 API。

（2）Spark SQL

Spark SQL 是一个用于处理结构化数据的工具包，提供了面向结构化数据的 SQL 查询接口，用户可以通过编写 SQL 或基于 Hive 的 HQL 来方便地处理数据。当然，Spark SQL 也可以查询 Hive 中的数据，相当于数据仓库的查询引擎，有强大的计算能力。

Spark SQL 还支持将 SQL 语句融入 Spark 应用程序的开发过程中，用户可以在单个应用中同时进行 SQL 查询和复杂数据分析。

（3）Spark Streaming

Spark Streaming 是 Spark 提供的用于进行流计算的组件，它将流计算分解成一系列短小的批处理任务，支持对实时数据流进行可伸缩、高吞吐量的流处理。

Spark Streaming 提供了用来操作数据流的 API，并且与 Spark Core 中的 RDD API 高度对应，可以帮助开发人员高效地处理数据。从底层设计来看，Spark Streaming 支持与 Spark Core 同级别的容错性、吞吐量以及可伸缩性。

（4）MLlib

MLlib 是 Spark 的机器学习（Machine Learning，ML）库，它的目标是使机器学习具有可扩展性和易用性。MLlib 提供了回归、聚类、协同过滤等常用的机器学习算法，以及一些底层的机器学习原语。

（5）GraphX

GraphX 是 Spark 中用于图形和图形并行计算的一个新组件，可以用其创建一个顶点和边包含任意属性的有向多重图。此外，GraphX 包含了越来越多的图形算法和图形构建器，以简化图形分析任务。

8.4 Spark Standalone模式的架构

Spark 有多种运行模式，可以运行在一台机器上，称为本地（单机）模式；也可以以 YARN 或 Mesos 作为底层资源调度器以分布式的方式在集群中运行，称为 Spark On YARN 模式；还可以使用 Spark 自带的资源调度器，称为 Spark Standalone 模式。本节主要介绍 Spark Standalone 模式的架构。

Spark Standalone 模式是经典的 Master/Slaver（主/从）架构，资源调度是由 Spark 自己实现的。在 Spark Standalone 模式中，根据应用程序的提交方式不同，Driver（主控进程）在集群中的位置也有所不同。应用程序的提交方式主要有两种：Client 和 Cluster，默认是 Client，可以在向 Spark 集群提交应用程序时用 deploy-mode 参数指定提交方式。

（1）Client 提交方式

Client 提交方式的运行架构如图 8-4 所示。集群的主节点称为 Master 节点，集群启动时会在主节点上启动一个名为 Master 的守护进程；从节点称为 Worker 节点，集群启动时会在各个从节点上启动一个名为 Worker 的守护进程。

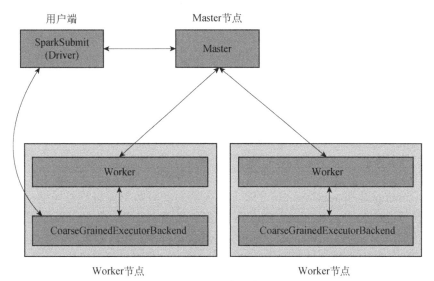

图8-4　Client提交方式的运行架构

Spark 在执行应用程序的过程中会启动 Driver 和 Executor 两种 JVM 进程。

Driver 为主控进程，负责执行应用程序的 main()方法，创建 SparkContext 对象（负责与 Spark 集群进行交互），提交 Spark 任务，并将任务转化为 Task（一个任务由多个 Task 组成），然后在各个 Executor 进程间对 Task 进行调度和监控。在图 8-4 中，Spark 会在用户端启动一个名为 SparkSubmit 的进程，Driver 则运行于该进程中。

Executor 是应用程序运行在 Worker 节点上的一个进程，由 Worker 进程启动，负责执行具体的 Task，并将数据存储在内存或磁盘中。每个应用程序都有各自独立的一个或多个 Executor 进程。在 Spark Standalone 模式和 Spark On YARN 模式中，Executor 进程的名称为 CoarseGrainedExecutorBackend，类似于运行 MapReduce 程序所产生的 YarnChild 进程，并且同时与 Worker、Driver 进行通信。

（2）Cluster 提交方式

Cluster提交方式的运行架构如图 8-5 所示。提交应用程序后，用户端仍然会产生一个名为 SparkSubmit 的进程，但是该进程会在应用程序提交给集群之后立即退出。当运行应用程序时，Master 会在集群中选择一个 Worker 进程，启动一个名为 DriverWrapper 的子进程，该子进程即为 Driver 进程，相当于 YARN 集群中的 ApplicationMaster。

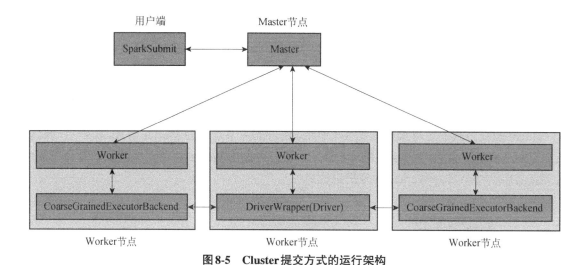

图 8-5　Cluster 提交方式的运行架构

8.5　Spark Streaming 简介

Spark Streaming 是 Spark Core API 的扩展，支持对实时数据流进行可伸缩、高吞吐量及容错处理。数据可以从 Kafka、Flume、Kinesis 等多种来源中获取，并且可以使用复杂的算法处理数据，这些算法由 map()、reduce()、join()和 window()等高级函数表示。处理后的数据可以推送到文件系统、数据库等存储系统中，如图 8-6 所示。事实上，可以将 Spark 的机器学习和图形处理算法应用于数据流。

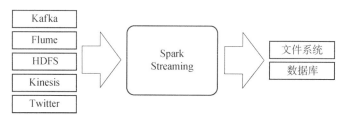

图 8-6　Spark Streaming 数据处理

Spark Streaming 可以接收输入数据流，并将数据流以时间片（秒级）为单位拆分成不同的批次，然后将每个批次交给 Spark Core 进行处理，最终生成各批次组成的结果数据流，如图 8-7 所示。

图 8-7　Spark Streaming 的工作原理

Spark Streaming 提供了一种高级抽象，称为 DStream（Discretized Stream）。DStream 表示一个连续不断的数据流，它可以由 Kafka、Flume 和 Kinesis 等数据源的输入数据流创建，也可以通过对其他 DStream 进行转换来创建。在内部，输入数据流拆分成的每个批次实际上是一个 RDD，一个 DStream 由多个 RDD 组成，相当于一个 RDD 序列，如图 8-8 所示。

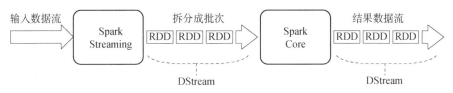

图 8-8　Spark Streaming 的工作原理（DStream）

8.6　编写 Spark Streaming 程序的基本步骤

编写 Spark Streaming 程序的基本步骤如下。

① 通过创建输入 DStream 来定义输入源。流计算处理的数据对象是来自输入源的数据，这些输入源会源源不断地产生数据，并发送给 Spark Streaming，之后交给用户自定义的 Spark Streaming 程序进行处理。

② 通过对 DStream 应用转换操作和输出操作来定义流计算。流计算过程通常是由用户自定义实现的，需要调用各种 DStream 操作实现用户处理逻辑。

③ 调用 StreamingContext 对象的 start()方法来开始接收数据和处理流程。

④ 通过调用 StreamingContext 对象的 awaitTermination()方法来等待流计算进程结束，或者通过调用 StreamingContext 对象的 stop()方法来手动结束流计算进程。

8.7　创建 StreamingContext 对象

如果要运行一个 Spark Streaming 程序，首先要生成一个 StreamingContext 对象，它是 Spark Streaming 程序的主入口。

我们可以从一个 SparkConf 对象中创建一个 StreamingContext 对象。登录 Linux 系统后，启动 Spark Shell。进入 Spark Shell 后，就获得了一个默认的 SparkContext 对象，也就是以下代码中的 sc。因此，可通过以下方式创建 StreamingContext 对象。

```
scala> import org.apache.spark.streaming._
scala> val ssc = new StreamingContext(sc, Seconds(1))
```

sc 表示 SparkContext 对象；Seconds(1)表示在对 Spark Streaming 的数据流进行拆分时，每 1 秒拆分一次。但是，该系统无法实现毫秒级别的拆分，因此 Spark Streaming 无法实现毫秒级别的流计算。

如果要编写一个独立的 Spark Streaming 程序，而不在 Spark Shell 中运行，则需要在代码文件中通过以下方式创建 StreamingContext 对象。

```
1.  //创建SparkConf对象
2.  SparkConf conf = new SparkConf().setAppName("Simple Application1").
setMaster("local[2]");
3.  //创建StreamingContext 对象
4.  JavaStreamingContext ssc = new JavaStreamingContext(conf, Durations.
seconds(1));
```

8.8　Spark Streaming 数据源

8.8.1　基本数据源

StreamingContext API 提供了对一些数据源的支持，例如文件系统、Socket 连接等，此类数据源称为基本数据源。

（1）文件流

从与 HDFS API 兼容的文件系统中读取数据时，可以通过以下方式创建 DStream。

```
streamingContext.fileStream[KeyClass,ValueClass,InputFormatClass](dataDir
ectory)
```

对于简单的文本文件，可以使用以下方式创建 DStream。

```
streamingContext.textFileStream(dataDirectory)
```

需要注意的是，文件流不需要运行 Receiver，因此不需要为接收文件数据分配 CPU 内核。

（2）Socket 流

通过监听 Socket 端口接收数据的示例代码如下。

```
1.  //创建一个本地StreamingContext对象，使用两个执行线程，批处理间隔为1秒
2.  SparkConf conf =new SparkConf()
3.       .setMaster("local[2]")
4.       .setAppName("NetworkWordCount");
5.  JavaStreamingContext  jssc = new JavaStreamingContext(conf,
6.       Durations.seconds(1));
```

我们可以创建一个DStream 来表示来自TCP源的流数据，并指定主机名（例如localhost）和端口（例如9999），代码如下。

```
JavaReceiverInputDStream<String> lines = jssc.socketTextStream("localhost",
9999);
```

（3）RDD 队列

可以通过 RDD 队列创建 DStream。队列中的每个 RDD 都被视为 DStream 中的一批数据，并像流一样进行处理。这种方式常用于测试 Spark Streaming 应用程序。以 RDD 队列为数据源，创建 DStream 并进行相应的计算，代码如下。

```
1.  public class demon01 {
2.      public static void main(String[] args){
3.          //创建SparkConf对象
4.          SparkConf conf = new SparkConf().setAppName ("Simple
```

```
Application1").setMaster("local");
5.                    //创建StreamingContext对象
6.                    JavaStreamingContext ssc = new JavaStreamingContext
(conf, Durations.seconds(1));
7.                    List<Integer> list = new ArrayList<>();
8.                    for (int i=0;i<1000;i++){
9.                        list.add(i);
10.                   }
11.                   //创建队列，用于存放RDD
12.                   Queue<JavaRDD<Integer>> rddQueue =new LinkedList<>();
13.                   for (int i=0;i<30;i++){
14.                       rddQueue.add(ssc.sparkContext().parallelize(list));
15.                   }
16.                   //创建输入DStream（以队列为参数）
17.                   JavaDStream<Integer> inputStream = ssc.queueStream
(rddQueue);
18.                   JavaPairDStream<Integer, Integer> mappedStream =input
Stream.mapToPair(i -> new Tuple2<>(i % 10, 1));
19.                   mappedStream.print();
20.                   JavaPairDStream<Integer, Integer> reducedStream =mapped
Stream.reduceByKey((i1, i2) -> i1 + i2);
21.                   reducedStream.print();
22.                   ssc.start();
23.                   try {
24.                       ssc.awaitTermination();
25.                   } catch (InterruptedException e) {
26.                       e.printStackTrace();
27.                   }
28.           }
29. }
```

执行上述代码后，控制台将每隔 1 秒输出一次结果。部分输出结果如下。

```
(4,100)
(0,100)
(6,100)
(8,100)
(2,100)
(1,100)
(3,100)
(7,100)
(9,100)
(5,100)
```

8.8.2　高级数据源

Spark Streaming 可以从 Kafka、Flume、Kinesis 等数据源中读取数据，使用时需要引入第三方依赖库，此类数据源称为高级数据源。

8.9　Spark Streaming程序示例

在本示例中，需要监听 TCP Socket 端口的数据，实时计算所接收的文本数据中的单词数，实现步骤如下。

（1）导入相应的类

导入 Spark Streaming 所需要的类，代码如下。

```
1.  import org.apache.spark.SparkConf;
2.  import org.apache.spark.streaming.Durations;
3.  import org.apache.spark.streaming.api.java.JavaDStream;
4.  import org.apache.spark.streaming.api.java.JavaPairDStream;
5.  import org.apache.spark.streaming.api.java.JavaReceiverInputDStream;
6.  import org.apache.spark.streaming.api.java.JavaStreamingContext;
7.  import scala.Tuple2;
```

（2）创建 StreamingContext 对象

StreamingContext 对象是所有数据流操作的上下文，在进行数据流操作之前需要先创建该对象。例如，创建一个本地 StreamingContext 对象，使用两个执行线程，批处理间隔为 1 秒（每隔 1 秒获取一次数据，生成一个 RDD），代码如下。

```
1.  SparkConf conf =new SparkConf()
2.          .setMaster("local[2]")
3.          .setAppName("NetworkWordCount");
4.  //时间间隔为1秒
5.  JavaStreamingContext  jssc = new JavaStreamingContext(conf,Durations.
seconds(1));
```

（3）创建 DStream

使用 StreamingContext 可以创建一个 DStream，它表示来自 TCP 源的流数据。例如，从主机名为 localhost、端口为 9999 的 TCP 源中获取数据，代码如下。

```
JavaReceiverInputDStream<String>  lines = jssc.socketTextStream("localhost
",9999);
```

上述代码中的 lines 是一个 DStream，表示从服务器中接收的数据流。lines 中的每条记录都是一行文本。

（4）操作 DStream

DStream 创建成功后，可以对 DStream 应用算子操作，生成新的 DStream，类似于对 RDD 的操作。例如，根据空格将每一行文本分割为单词，代码如下。

```
JavaDStream<String>  words = lines.flatMap(x -> Arrays.asList(x.split(" ")).
iterator());
```

在本例中，lines 的每一行文本将被分割成多个单词，单词组成的数据流则为一个新的 DStream。

统计单词数量的代码如下。

```
1.  JavaPairDStream<String, Integer> pairs = words.mapToPair(s -> new
Tuple2<>(s, 1));
2.  JavaPairDStream<String, Integer> wordCounts = pairs.reduceByKey((i1,
i2) -> i1 + i2);
3.  wordCounts.print();
```

在上述代码中，对 words DStream 使用 map 算子将其中的每个元素进一步映射为元组；然后将元组中的单词进行聚合，得到各批次的单词数量；最后将每秒生成的单词数量打印到控制台上。

（5）启动 Spark Streaming

转换代码编写完毕后，需要启动 Spark Streaming 才能真正地开始计算，因此需要在末尾添加以下代码。

```
//开始计算
ssc.start()
//等待计算结束
ssc.awaitTermination()
```

（6）使用 NC 模拟端口

NetCat（简称 NC）是一个功能强大且易于使用的程序，可用于 Linux 系统中与 TCP、UDP 或 UNIX 域套接字相关的任何操作。

本示例的测试方式为：

```
nc -l 9999
```

一行行输入文本，观察应用程序的运行结果。

（7）编写完整代码

```
1.    import org.apache.spark.SparkConf;
2.    import org.apache.spark.streaming.Durations;
3.    import org.apache.spark.streaming.api.java.JavaDStream;
4.    import org.apache.spark.streaming.api.java.JavaPairDStream;
5.    import org.apache.spark.streaming.api.java.JavaReceiverInputDStream;
6.    import org.apache.spark.streaming.api.java.JavaStreamingContext;
7.    import scala.Tuple2;
8.    import java.util.Arrays;
9.    import java.util.regex.Pattern;
10.   /**
11.    */
12.   public class demon02{
13.        private static final Pattern SPACE = Pattern.compile(" ");
14.        public static void main(String[] args) throws Exception {
15.            SparkConf conf =new SparkConf()
16.                    .setMaster("local[2]")
17.                    .setAppName("NetworkWordCount")
18.            JavaStreamingContext jssc = new JavaStreamingContext
(conf,Durations.seconds(5));
19.            //我们可以创建一个DStream来表示来自TCP源的流数据,指定为主机名(例
如localhost)和端口(例如9999)
20.            JavaReceiverInputDStream<String> lines = jssc.socket
TextStream("localhost",9999);
21.            //lines表示从服务器中接收的数据流,此流中的每条记录都是一行文本,然
后根据空格分割为单词
22.            /*
23.            flatMap是一个DStream操作,它通过源DStream中的每条记录生成多条新
记录来创建新的DStream
24.            */
25.            JavaDStream<String> words = lines.flatMap(x -> Arrays.
asList(x.split(" ")).iterator());
26.            /**
27.             * 映射为元组
28.             */
29.            JavaPairDStream<String, Integer> pairs = words.mapToPair
```

```
(s -> new Tuple2<>(s, 1));
    30.                JavaPairDStream<String, Integer> wordCounts = pairs.
reduceByKey((i1, i2) -> i1 + i2);
    31.                wordCounts.print();
    32.                jssc.start();                //开始计算
    33.                jssc.awaitTermination();  //等待计算终止
    34.          }
    35. }
```

（8）设置 pom.xml 配置文件中的包依赖

```xml
<dependencies>
      <dependency>
          <groupId>org.apache.spark</groupId>
          <artifactId>spark-core_2.11</artifactId>
          <version>2.4.0</version>
      </dependency>
      <dependency>
          <groupId>org.apache.spark</groupId>
          <artifactId>spark-streaming_2.11</artifactId>
          <version>2.4.0</version>
      </dependency>
</dependencies>
```

习　　题

1. 编写代码，实现用户日志黑名单的实时过滤，黑名单中的用户日志将不进行输出。例如，部分数据如下。

```
20220716 zhangsan
20220716 lisi
20220716 wangwu
20220716 maliu
```

若黑名单中包含 lisi 和 wangwu 两位用户，则过滤后的输出结果为：

```
20220716 zhangsan
20220716 maliu
```

第 9 章　数据可视化

在大数据时代，人们面对海量数据，有时显得无所适从。一方面，数据复杂繁多，各种不同类型的数据涌来，庞大的数据量大大超出了人们的处理能力；另一方面，人类大脑无法从堆积如山的数据中快速发现核心问题，必须用一种高效的方式来刻画和呈现数据所反映的本质问题。要解决这个问题，就需要数据可视化，它通过丰富的视觉效果，把数据以直观、生动、易理解的方式呈现给用户，可以有效提升数据分析的效率和效果。

可视化技术为大数据分析提供了一种直观的挖掘、分析与展示手段，有助于发现大数据中蕴含的规律，在各行各业中得到了广泛的应用。数据可视化利用人类视觉认知的特点，通过图形和交互的形式表现信息的内在规律及其传递、表达的过程，是人们理解复杂现象、诠释复杂数据的重要手段和途径。

本章介绍数据可视化的相关知识，内容要点如下。

- 可视化概述
- 可视化的作用
- 可视化工具
- 可视化典型案例

9.1　可视化概述

数据可视化能将复杂的数据以容易理解的形式传递给受众。数据可视化是关于数据视觉表现形式的科学技术研究。其中，数据的视觉表现形式是一种以某种概要形式抽取出来的信息，包括各种属性和变量，它是一个不断演变的概念，其边界不断扩大。数据可视化主要利用图形、图像处理、计算机视觉及用户界面技术，通过表达、建模及对立体、表面、属性、动画的显示，对数据进行可视化解释。与立体建模之类的特殊技术方法相比，数据可视化涵盖的技术方法广泛得多。

当前，在大数据的研究、教学和开发领域中，数据可视化是一个极为活跃而又关键的领域。数据可视化是基于数据的，数据科学让人们越来越多地从数据中发现人类社会中的复杂行为模式。大数据已经改变了人们生活、工作的方式，给人们的思维模式带来了巨大影响。当然，数据可视化不只是各种工具或新颖的技术。作为一种表达数据的方式，它是对现实世界的抽象表达，它像文字一样，讲述着各种各样的故事。

9.2 可视化的作用

在大数据时代，数据容量和复杂性不断增加，可视化的需求越来越大，依靠可视化手段进行数据分析成为大数据分析的主要环节之一。让"茫茫数据"以可视化的方式呈现，让枯燥的数据以简单、友好的图表形式展现出来，可以让数据变得更通俗易懂，有助于用户更快捷地理解数据的深层含义，有效参与复杂的数据分析过程，提升数据分析效率，改善数据分析效果。

在大数据时代，可视化的作用主要有以下几部分。

（1）观测、跟踪数据

许多实际应用中的数据量已远远超出了人类大脑可理解及吸收的范围。对于不断变化的数据，如果仍以枯燥的数字形式呈现，人们必将茫然无措。利用变化的数据生成实时变化的可视化图表，可以让人们一眼看出数据的动态变化过程，有效跟踪各种数据，例如出行类应用软件可以提供实时路况服务。

（2）分析数据

利用可视化技术，可以实时呈现当前的分析结果，引导用户参与分析过程，根据用户的反馈信息执行后续操作，完成用户与分析算法的全程交互，实现数据分析算法与用户知识的完美结合。

典型的可视化分析过程如图 9-1 所示，数据首先被转化为图像呈现给用户，用户通过视觉系统进行观察和分析，同时结合自己的背景知识，对可视化图像进行感知和认知，从而理解和分析数据的内涵与特征。随后，用户还可以根据分析结果改变可视化程序的设置，交互式地改变输出的可视化图像，从不同角度对数据进行分析。

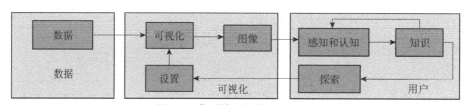

图9-1 典型的可视化分析过程

（3）辅助理解数据

可视化可以帮助普通用户更快、更准确地理解数据背后的含义，例如用不同颜色区分不同对象、用动画显示变化过程、用图片展示对象之间的复杂关系等。

（4）增强数据吸引力

枯燥的数据被制作成具有强大视觉冲击力和说服力的图像，可以大大增强读者的阅读兴趣。可视化的图表新闻就是一种非常受欢迎的形式。在海量的新闻信息面前，读者的时间和精力都显得有些"捉襟见肘"。传统、单调、保守的讲述方式已经不能引起读者的兴趣，需要更直观、高效的信息呈现方式。因此，新闻播报越来越多地使用数据图表，动态、立体化地呈现报道内容，让读者对内容一目了然，在短时间内迅速消化和吸收，大大提高了知识理解的效率。

9.3　可视化工具

9.3.1　入门级工具

Excel 是微软公司的办公软件"Office 家族"的系列软件之一，可以进行多种数据的处理、统计分析和辅助决策操作，广泛地应用于管理、统计、金融等领域。Excel 简单易用，用户可以轻松使用 Excel 提供的各种图表功能。制作折线图、饼图、散点图等统计图表时，Excel 是普通用户的首选工具。但是，Excel 在颜色、线条和样式上的可选择范围较有限。

例如，已知某商品的销售收入为：第一季度 25000 元、第二季度 30000 元、第三季度 28500 元，第四季度 65000 元，各季度收入的折线图如图 9-2 所示。

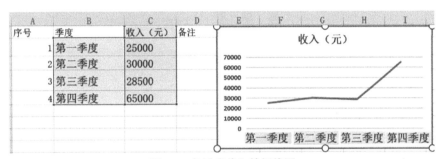

图 9-2　各季度收入的折线图

9.3.2　信息图表工具

信息图表是信息、数据、知识等的视觉化表达，它利用人脑对图形信息更容易理解的特点，高效、直观、清晰地传递信息，在计算机科学、数学以及统计学领域有着广泛的应用。

1. Tableau

Tableau 是桌面系统中最简单的商业智能软件，适合企业和部门进行日常数据报表和数据可视化工作。Tableau 实现了数据运算与图表的完美结合。用户只要将大量数据拖动到数字"画布"上，就能创建各种图表。

（1）条形图

条形图是比较常见的可视化图形。将条形图的行和列字段分别拖动到对应的位置，就可以生成条形图，如图 9-3 所示。

（2）饼图

饼图通常不超过 6 个区域，超过 6 个区域时可以考虑使用条形图。例如，需要看各产品类别的利润，只需要按住 Ctrl 键，选中"产品类别"和"总和（利润）"，选择"饼图"，即可创建图表，如图 9-4 所示。

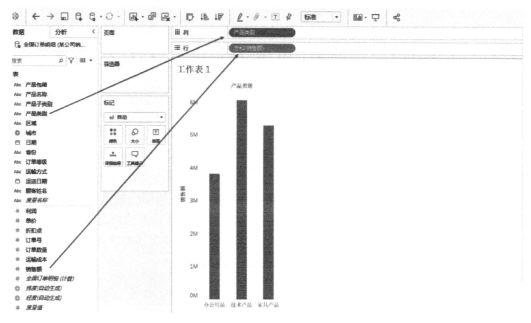

图 9-3　条形图

图 9-4　饼图

2. ECharts

ECharts 是一个使用 JavaScript 实现的开源可视化库，可以流畅地运行在计算机和移动设备上，能兼容绝大部分浏览器，其底层依赖的矢量图形库 ZRender 提供了直观、交互性强、可个性化定制的数据可视化图表。

首先从网络上下载 echarts.min.js 文件，引入 ECharts 后，需要将使用的图放在一个 DOM 容器里，这就需要定义一个 DOM 容器。编写 demonEcharts.html 文件，将该文件与 echarts.min.js 文件放在同一目录下。demonEcharts.html 文件的内容为：

```
1.    <!DOCTYPE html>
2.    <html>
3.    <head>
4.        <meta charset="utf-8">
5.        <title>条形图</title>
6.        <!-- 引入 echarts.js -->
7.        <script src="echarts.min.js"></script>
```

```
8.  </head>
9.  <body>
10. <!-- 为 ECharts 准备一个 DOM 容器 -->
11. <div id="main" style="width: 600px;height:400px;"></div>
12. <script type="text/javascript">
13.         // 基于准备好的 DOM 容器，初始化 ECharts 实例
14.         var myChart = echarts.init(document.getElementById('main'));
15.         // 指定图表的配置项和数据
16.         var option = {
17.             title: {
18.                 text: 'ECharts 入门示例',
19.             },
20.             tooltip: {},
21.             legend: {
22.                 data: ['销量']
23.             },
24.             xAxis: {
25.                 data: ["麦当劳", "肯德基", "星巴克", "华莱士"]
26.             },
27.             yAxis: {},
28.             series: [{
29.                 name: '销量',
30.                 type: 'bar',
31.                 data: [5, 20, 36, 10]
32.             }]
33.         };
34.         // 使用指定的配置项和数据显示图表
35.         myChart.setOption(option);
36. </script>
37. </body>
38. </html>
```

使用浏览器打开 demonEcharts.html 文件，可以看到 ECharts 绘制的条形图，如图 9-5 所示。

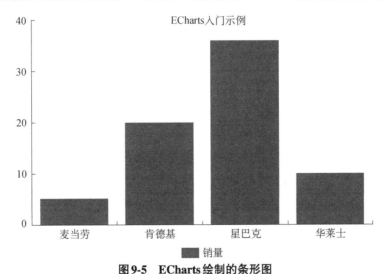

图 9-5　ECharts 绘制的条形图

9.3.3　地图工具

地图工具在数据可视化中较为常见，它可以直观地展现数据的分布、区域等特征。当数

据要表达的主题与地域有关时，以地图为大背景能帮助用户更直观地了解整体情况，同时也可以根据地理位置快速定位某一地区来查看详细数据。

（1）Modest Maps

Modest Maps 是一个小型、可扩展、交互式的免费库，提供了一套查看卫星地图的 API，大小只有 10KB，是目前最小的可用地图库。它也是一个开源项目，有强大的社区支持，是在网站中整合地图应用的理想选择。

（2）Leaflet

Leaflet 是一个小型的地图框架，能在移动平台上高效地运作。

9.3.4　时间线工具

时间线是表现数据在时间维度上的演变过程的有效方式，它通过互联网技术，依据时间顺序，把一方面或多方面的事件"串联"起来，形成相对完整的记录体系，再用图文形式呈现给用户。时间线可以运用于不同领域，其最大的作用是把过去的事件系统化、完整化、精确化。

（1）Timetoast

Timetoast 是在线创作时间线的事件记载服务网站，提供个性化的时间线服务，可以用不同的时间线记录事件的发展历程、进度等。Timetoast 基于 Flash 平台，可以在时间线上加入任意事件，定义每个事件的时间、名称、图像、描述，事件显示和切换十分流畅，操作简单。

（2）Xtimeline

Xtimeline 是一个免费的绘制时间线的在线网站，操作简便，用户可以通过添加事件日志的形式创建时间线，也可以给日志配上相应的图表。不同于 Timetoast 的是，Xtimeline 是一个社区类型的时间线网站，加入了群组功能和更多社会化因素，除了可以分享和评论时间线，还可以建立组群讨论所制作的时间线。

9.3.5　高级分析工具

（1）R 语言

R 语言是统计领域广泛使用的，诞生于 1980 年左右的 S 语言的一个分支，使用难度较高。R 语言的主要功能包括数据存储和处理、数组运算（其向量、矩阵运算方面的功能尤其强大）、统计分析、统计制图、控制数据的输入和输出等。

在 R 语言中可以通过 plot()函数创建折线图，语法如下。

```
plot(v,type,col,xlab,ylab,main)
```

参数描述如下。

● v：包含数值的向量。

● type：取值为"p"表示仅绘制点，取值为"l"表示仅绘制线，取值为"o"表示绘制点和线。

● col：点和线的颜色。

● xlab：横轴的标签。

- ylab：纵轴的标签。
- main：折线图的标题。

接下来尝试绘制一个简单的折线图，代码如下。

```
1.  setwd(d:/r_file)
2.  #绘图数据
3.  v<-c(7,12,28,3,41)
4.  #绘图文件
5.  png(file='line chart.jpg')
6.  #参数设置
7.  plot(v,type='o',col='red',xlab='月份',ylab='降雨量')
8.  #保存文件
9.  Dev.off()
```

折线图如图 9-6 所示。

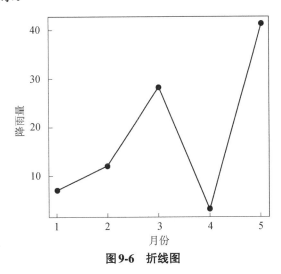

图9-6　折线图

（2）WEKA

WEKA 是一款免费的、基于 Java 环境的、开源的机器学习及数据挖掘软件，不但可以进行数据分析，还可以生成一些简单的图表。

（3）Python

Python 是一种简单、易学的编程语言，其编写的代码具有简洁性、易读性和易维护性等优点。Python 原本主要用于系统维护和网页开发，但随着大数据时代的到来以及数据挖掘、机器学习、人工智能等技术的发展，Python 进入了数据科学的领域。

Python 拥有多种第三方库，用户可以利用这些库完成数据科学任务。近年来，Python 提高了对类库的支持（如 pandas 和 scikit-learn），使它成为数据分析与可视化领域的一个流行工具。

matplotlib 是 Python 的绘图库，可以让用户很轻松地将数据可视化，同时还提供了多样化的输出格式。利用 matplotlib 绘制曲线图的代码如下。

```
1.  import numpy as np
2.  import matplotlib.pyplot as plt
3.  %matplotlib inline
4.  data=np.arange(0,1,0.01)
```

```
5.  plt.title('my lines example')
6.  plt.xlabel('X')
7.  plt.ylabel('Y')
8.  plt.xlim(0,1)
9.  plt.ylim(0,1)
10. plt.xticks([0,0.2,0.4,0.6,0.8,1])
11. plt.yticks([0,0.2,0.4,0.6,0.8,1])
12. plt.plot(data,data**2)
13. plt.plot(data,data**3)
14. plt.legend(['y=x^2','y=x^3'])
15. plt.show()
```

曲线图如图 9-7 所示。

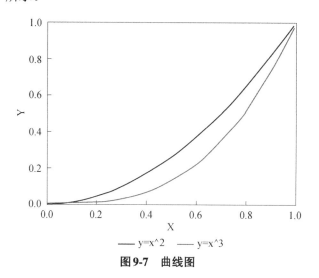

图 9-7　曲线图

seaborn 在 matplotlib 的基础上提供了一个绘制统计图形的高级接口，为数据的可视化分析工作提供了极大方便，使绘图更容易。一般来说，seaborn 能满足数据分析中 90%的绘图需求。

利用 seaborn 绘制曲线图的代码如下。

```
1.  import seaborn as sns
2.  import numpy as np
3.  import matplotlib as mpl
4.  import matplotlib.pyplot as plt
5.  def sinplot(flip=2):
6.      x = np.linspace(0,20, 50)
7.      for i in range(1,5):
8.          plt.plot(x, np.cos(x + i * 0.8) * (9 - 2*i) * flip)
9.  sinplot()
```

seaborn 绘制的曲线图如图 9-8 所示。

pyecharts 是一款将 Python 与 ECharts 结合的强大的数据可视化工具。pyecharts 主要基于 Web 浏览器进行显示，绘制的图形比较多，包括折线图、条形图、饼图、漏斗图、极坐标图等，代码量很少，而且很灵活，绘制的图形也很美观。

利用 pyecharts 中的 Bar()方法绘制条形图的代码如下。

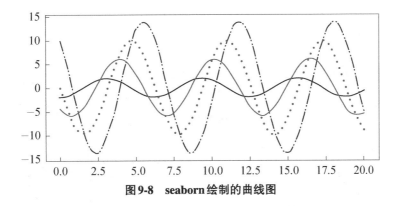

图9-8 seaborn 绘制的曲线图

```
1.  from pyecharts.charts import Bar
2.  from pyecharts import options as opts
3.  %matplotlib inline
4.  bar = ( Bar()
5.      .add_xaxis(["衬衫", "毛衣", "领带", "裤子", "风衣", "高跟鞋", "袜子"])
6.      .add_yaxis("商家A", [114, 55, 27, 101, 125, 27, 105])
7.  bar.render_notebook()
```

pyecharts 绘制的条形图如图 9-9 所示。

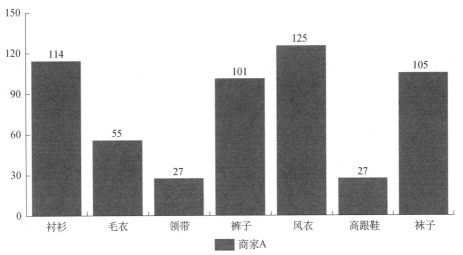

图9-9 pyecharts 绘制的条形图

9.4 可视化典型案例

9.4.1 编程语言关系图谱

通过 TIOBE 发布的编程语言排行榜，我们可以了解每门编程语言的热门程度，但是无法了解不同编程语言之间的相互影响。Ramio Gómez 绘制了编程语言关系图谱，如图 9-10 所示，图中的每个节点都代表一种编程语言，节点之间的连线代表编程语言之间的关系。有影响力的编程语言会连线多种编程语言，相应的节点也更大。

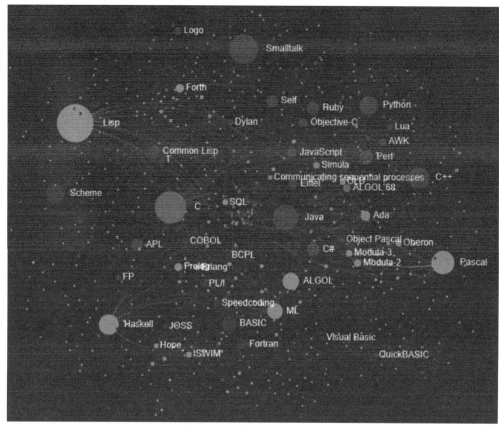

图9-10　编程语言关系图谱

9.4.2　百度迁徙平台

百度迁徙平台是百度地图与百度大数据技术深度融合的产物，它通过分析百度地图的亿级用户位置数据，对全国范围内的人口流动情况进行实时、精准的监测。在平台上，用户可以查看全国范围内各个城市的迁入、迁出人口数量，观察人口流动轨迹，以及人口流动在不同时间段的变化情况。

通过百度迁徙平台，用户可以直接看到包括铁路、公路和航空在内的线路，还可看到迁入、迁出最热城市排行榜。

习　　题

1. tips.xls 数据集的部分数据如图 9-11 所示。

	total_bill	tip	sex	smoker	day	time	size
0	16.99	1.01	Female	No	Sun	Dinner	2
1	10.34	1.66	Male	No	Sun	Dinner	3
2	21.01	3.5	Male	No	Sun	Dinner	3
3	23.68	3.31	Male	No	Sun	Dinner	2
4	24.59	3.61	Female	No	Sun	Dinner	4
5	25.29	4.71	Male	No	Sun	Dinner	4
6	8.77	2	Male	No	Sun	Dinner	2
7	26.88	3.12	Male	No	Sun	Dinner	4
8	15.04	1.96	Male	No	Sun	Dinner	2
9	14.78	3.23	Male	No	Sun	Dinner	2
10	10.27	1.71	Male	No	Sun	Dinner	2

图 9-11　tips.xls 数据集的部分数据

请编写代码，完成以下功能。

① 读取数据，修改列名为汉字。具体为：total_bill→消费总额；tip→小费金额；sex→性别；smoker→是否抽烟；day→日期；time→聚餐时间段；size→人数。

② 绘制散点图，分析小费金额和消费总额的关系。

③ 比较男性和女性的消费总额平均水平。

④ 绘制条形图，分析日期和小费金额的关系。

⑤ 绘制条形图，分析性别和是否抽烟对消费总额的影响。

⑥ 绘制条形图，分析聚餐时间段与小费金额的关系。

第 10 章　基于大数据的电商精准营销

随着"互联网+"的快速推进，电商已经深入了我们生活的方方面面。电商的快速兴起，导致旧的行销模式和营销理论不能满足新的经济模式。网络化的电商不受地域限制，数据收集方便，使精准营销成为了可能。精准营销有效率高、成本低等特点，广泛应用于大数据时代的电商营销中。

本章主要介绍基于大数据的电商精准营销，内容要点如下。

- 数据预处理概述
- 数据探索与可视化

10.1　数据预处理概述

在数据分析和挖掘的过程中，熟悉、清理和转换数据等数据预处理工作占所有工作量的60%～70%。数据预处理是数据挖掘（分析）的基本工作，决定了后续工作的质量。本节主要通过实践的方式学习数据预处理的流程和方法。

10.1.1　数据清洗

数据清洗（Data Cleaning）是对数据进行重新审查和校验的过程，目的是删除重复信息、纠正错误，并保证数据一致性。

从名字上看，数据清洗就是把"脏"的数据"洗掉"，包括检查数据一致性、处理无效数据和缺失数据等。数据仓库中的数据是面向某一主题的数据的集合，这些数据从多个业务系统中抽取而来而且包含历史数据，有些数据是错误数据，有些数据之间相互冲突，这些数据显然是我们不想要的，称为"脏数据"。数据清洗的任务就是过滤那些不符合要求的数据。数据清洗一般由计算机完成。

1. 选择数据

在实际数据分析中，数据多、杂、乱，需要花费精力、资源和成本，因此选择数据时需要有针对性，能正确反映业务需求。下面是一些选择数据的方法、原则和技巧。

① 从业务和分析目的入手。从业务和分析目的入手，能确保数据尽可能地反映业务情况，剔除不相关的数据。数据分析具有时效性，当业务发生变化时，之前的数据就不能反映现在的业务情况，选用这样的数据有时会得出相反的结果。

②　确定样本大小。在大数据时代，由于数据量大、信息量稀疏，有时需要对数据进行抽样，确定分析的数据规模。例如，当数据全集太大时，针对全集进行分析会消耗很多运算资源和运算时间，这时采用抽样就可以解决这些问题。

抽样时有以下注意事项。

- 样本的输入变量值域要和数据全集一致。
- 样本的输入变量及其分布要和数据全集一致。
- 样本的因变量值域及种类要和数据全集一致。
- 缺失数据分布要尽量保持和数据全集一致。

2. 清洗数据

（1）缺失数据的处理方法

在处理缺失数据时，首先应分析数据缺失的原因，只有明确原因才能正确处理缺失数据。处理缺失数据的方法如下。

①　直接删除缺失数据。直接删除的优点是方便，缺点是会减少样本量，可能丢失一些重要信息，建模后的预测样本含有缺失数据时不利于预测。

②　替换缺失数据。利用中位数、众数等填充缺失数据的优点是简单、直观且有部分依据，但是不能完全代表缺失数据的含义。

③　填充缺失数据。通过模型（如回归模型、决策树、贝叶斯模型等）填充缺失数据，优点是准确，缺点是代价高。

（2）异常数据的判断方法

通常来讲，如果不把异常数据清洗掉，对数据分析结论的负面影响是非常大的，很可能会干扰模型计算和评估结果。

①对于分类变量，如果某个类别的数据出现的频率太低、太稀少，就可能是异常数据。

②对于连续变量，按照从大到小的顺序排列，偏离较大的数据就属于异常数据（可以使用箱形图来看）。

3. Python 数据处理实例

（1）选择数据

data 文件的部分数据如表 10-1 所示，下面通过 Python 实现数据的取舍及抽样。

列变量处理要求：选取 "user_id" "time" "model_id" "type" "cate" "brand" 列的变量。

行变量处理要求：选取 time 为 2016-02-01 及以后且 type=6 的数据。

表 10-1　data 文件的部分数据

user_id	sku_id	time	model_id	type	cate	brand
266079	138778	2016-01-31 23:59:02	NaN	1	8	403
266079	138778	2016-01-31 23:59:03	0.0	6	8	403
200719	61226	2016-01-31 23:59:07	NaN	1	8	30
200719	61226	2016-01-31 23:59:08	0.0	6	8	30
263587	72348	2016-01-31 23:59:08	NaN	1	5	159

根据上述要求，编写以下代码。

```
1.  #coding:utf8
2.  import pandas as pd      # 导入pandas库
3.  import numpy as np       # 导入numpy库
4.  def choose_data(data):
5.      data=data[['user_id','time','model_id','type','cate','brand']].
copy()
6.      data=data[(data['type']==6)&(pd.to_datetime(data['time'])>=pd.to_
datetime('2016-02-01'))]
7.      return data
```

（2）使用抽样方法抽取样本并处理缺失数据

```
1.  def sample_data(data):
2.      #进行随机抽样，不放回地随机抽取5000个样本
3.      data=data.sample(5000)
4.      return data
5.  def clear_data(df):
6.      #直接删除缺失数据
7.      nan_result_pd1 = df.dropna()
8.      # 用后面的数据替换缺失数据
9.      nan_result_pd2 = df.fillna(method='backfill')
10.     # 用前面的数据替换缺失数据
11.     nan_result_pd3 = df.fillna(method='pad')
12.     # 用0替换缺失数据
13.     nan_result_pd4 = df.fillna(0)
14.     # 用不同的数据替换不同列的缺失数据
15.     nan_result_pd5 = df.fillna({'col2': 1, 'col4': 2})
16.     # 用平均数替换缺失数据
17.     nan_result_pd6 = df.fillna(df.mean()['col2':'col4'])
18.     return
```

（3）重复数据的处理

Python 的 pandas 库提供了 drop_duplicates()函数，可以方便地处理重复数据，格式如下。

```
drop_duplicates(self, subset=None, keep='first', inplace=False)
```

处理重复数据的代码如下。

```
1.  #coding:utf8
2.  import pandas as pd
3.  def drop_duplicate_value(data):
4.      #实现样本去重
5.      data=data.drop_duplicates()
6.      #使用pandas中的去重函数，默认保留重复样本的第一条
7.      return data
```

（4）异常数据的处理

待处理的数据如下，可以看出 col1 变量的第 2 个数据是异常数据，需要删除异常数据所在的样本并返回处理后的数据集。

```
   col1  col2
0     1    12
1   200    17
2     3    31
3     5    53
4     2    22
5    12    32
```

```
6    13    43
```

代码如下。

```
1.   def clear_unnormal_data(df):
2.        df_zscore = df.copy()
3.        cols = df.columns            # 获得列名
4.        for col in cols:             # 循环读取每列
5.             df_col = df[col]        # 得到每列的数据
6.             z_score=(df_col-df_col.mean())/df_col.std()#计算每列的z-score
7.             df_zscore[col]=z_score.abs()>2.2      #判断z-score是否大于2.2
8.             df=df[df_zscore.sum(axis=1)==0]       #删除异常数据所在的样本
9.             return df
```

4. 数据转换

在实际问题中，经常出现不能直接分析变量、变量分布不符合模型要求等情况。这种情况下可以进行数据转换，转换方法如下。

（1）变量类型转换

这类转换的目的是通过对原始数据进行简单的、适当的公式推导，产生更有商业意义的数据。例如，对原始数据中的用户出生日期进行处理，用当前的日期减去用户出生日期可以得出用户年龄。

（2）变量分布转换

大多数区间变量的原始分布状态偏差较大，而且严重不对称。如果这种偏差严重的变量是自变量，就会干扰模型拟合，影响模型效果。这种情况下可以进行变量分布转换，常用的转换措施有取对数、开平方、取倒数等。

（3）区间变量的分箱转换

分箱转换就是把区间变量转换成顺序变量，其目的是降低变量复杂度，提升变量预测能力。当变量和预测相关性不稳定时，分箱转换可以提升相关性。

（4）变量标准化

在大多数线性模型中，量纲会导致模型的预测性能下降，变量标准化有助于提升模型的预测能力。

例如，有以下数据，要对 sex 列和 level 列的数据进行标准化操作。

```
      id       sex     level   score   mark
0   3566841    male     high      1      3
1   6541227    Female   low       2      3
2   3512441    Female   middle    3      2
3   3566842    male     high      4      1
4   3566843    Female   low       5      2
5   3566844    Female   middle    6      5
6   3566845    male     high      3      6
7   3566846    Female   low       5      7
8   3566847    Female   middle    6      9
```

代码如下。

```
1.   #coding:utf8
2.   import pandas as pd                    # 导入pandas库
3.   from sklearn.preprocessing import OneHotEncoder,LabelEncoder
4.   import numpy as np
```

```
5.  from sklearn import preprocessing
6.  #类型变量数据转换
7.  def to_normal(df,cols=['sex','level']):
8.      id_data = df.drop(cols,axis=1)        # 获取未转换的列
9.      raw_convert_data = df[cols]           # 指定要转换的列
10.     df_new3 = pd.get_dummies(raw_convert_data)
11.     df = pd.concat((id_data, pd.DataFrame(df_new3)), axis=1)
12.     return df
13.
14. def cut_bins(df,col='score'):
15.     #对score变量进行等频分箱操作（每箱的样本量相同），分成3箱，将1、2、3作为箱标签，
新增一列'cut_bins_1'来存储数据
16.     df['cut_bins_1']=pd.qcut(df[col],3,labels=[1,2,3])
17.
18.     #对score变量进行等距分箱操作（每箱的组距相同），分成3箱，将1、2、3作为箱标签，
新增一列'cut_bins_2'来存储数据
19.     df['cut_bins_2']=pd.cut(df[col], 3,labels=[1,2,3])
20.     return df
21.
22. #数据标准化
23. def StandardScaler(df,col=['score','mark']):
24.     #对df['score','mark']进行zscore_scaler标准化操作后，得到data1
25.     zscore_scaler = preprocessing.StandardScaler()
26.     # 建立StandardScaler对象
27.     data1 = zscore_scaler.fit_transform(df[col])
28.     # 对StandardScaler进行标准化处理
29.     #对df['score','mark']进行minmax_scaler标准化，得到data2
30.     minmax_scaler = preprocessing.MinMaxScaler()
31.     # 建立MinMaxScaler模型对象
32.     data2 = minmax_scaler.fit_transform(df[col])
33.     # 对MinMaxScaler进行标准化处理
34.     return data1,data2
35.
36. if __name__=='__main__':
37.     print('sucess')
```

10.2　数据探索与可视化

10.2.1　变量特征分布

　　分析数据之前，需要对数据进行深入了解（数据是什么类型的、共有多少数据、有没有缺失数据等），只有对数据有足够的了解，才能更好地分析数据。

　　单变量数据是指数据集中只有一个变量。例如，一个班的体测成绩表是一个数据集（包含身高、体重等指标），那么该数据集里的某一个指标就可以看作单变量数据。拿到一批/列数据时，第一件事就是观察数据的整体分布情况，而观察整体分布情况的最好方法是绘制饼图和直方图。

　　（1）饼图

　　饼图能直观地显示各项目的分布情况，适合比较简单的占比关系，以及不要求高精度的场景。

使用 matplotlib 绘制饼图比较简单，语法如下。

```
pie(x,explode=None,labels=None,colors=None,autopct=None,pctdistance=0.6,sh
adow=False,labeldistance=1.1,startangle=None,radius=None,counterclock=True,wedge
props=None,textprops=None,center=(0,0),frame=False,rotatelabels=False,*,data=Non
e)
```

（2）直方图

对于连续变量，直方图能很好地帮助我们发现变量的分布特点以及是否有异常，使用语法如下。

```
distplot(a,bins=None,hist=True,kde=True,rug=False,fit=None,hist_kws=None,k
de_kws=None,rug_kws=None,fit_kws=None,color=None,vertical=False,norm_hist=Fals
e,axlabel=None,label=None,ax=None)
```

参数说明如表 10-2 所示。

表 10-2　参数说明

参数	说明
a	一维数组或列表
bins	直方图中柱的数量；若为 None，则使用 Freedman-Diaconis 规则指定柱的数量
hist	是否绘制（标准化）直方图
kde	是否绘制核密度估计图
rug	是否在横轴上绘制观测值竖线
fit	带有 fit 方法的对象，返回一个元组
{hist, kde, rug, fit}_kws	底层绘图函数的关键字参数
color	设置组件的颜色
vertical	如果为 True，则观测值在纵轴上显示
norm_hist	如果为 True，则直方图的高度显示为密度而不是计数； 如果绘制核密度估计图，则默认为 True
axlabel	横轴的名称； 如果为 None，则尝试从 a.name 中获取； 如果为 False，则不设置标签
label	图形组成部分的图例标签
ax	若提供该参数，则在参数设定的轴上绘图

（3）使用 matplotlib 绘制含有多个子图的图

使用 plt.subplots() 函数绘制 1 行、2 列子图，命令如下。

```
import matplotlib.pyplot as plt
f, ax1,ax2 = plt.subplots(1,2)
#f代表matplotlib.figure.Figure,ax1表示第1行第1列的子图,ax2代表第1行第2列的子图
```

使用 plt.subplot() 函数绘制 1 行、2 列子图，命令如下。

```
import matplotlib.pyplot as plt
plt.subplot(1,2,1)   #绘制第1行第1列的子图
plt.subplot(2,2,2)   #绘制第1行第2列的子图
```

使用 plt.figure.add_subplots() 函数绘制 1 行、2 列子图，命令如下。

```
import matplotlib.pyplot as plt
fig = plt.figure()
ax1 = fig.add_subplot(1,2,1)      #绘制第1行第1列的子图
ax2 = fig.add_subplot(1,2,1)      #绘制第1行第2列的子图
```

如果系统中已经有了字体集，可以直接使用下列代码即可解决中文乱码问题。

```
import matplotlib as mpl
mpl.rcParams['font.sans-serif'] = ['SimHei']
mpl.rcParams['font.serif'] = ['SimHei']
mpl.rcParams['axes.unicode_minus'] = False
```

也可以通过下列代码自定义字体集。

```
import matplotlib.font_manager as fm
myfont=fm.FontProperties(fname=r'./simhei.ttf')
x=[34,56,23]
label=['男','女','未知']
import matplotlib.pyplot as plt plt.pie(x,labels=label,autopct='%.1f%%',
textprops={'fontproperties':myfont,'fontsize':9})
#fontproperties 表示自定义字体集，fontsize 表示自定义字体大小
plt.title('商品评论分布',fontproperties=myfont,fontsize=12)
plt.show()
```

绘制出的商品评论分布饼图如图 10-1 所示。

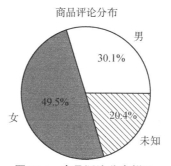

图10-1　商品评论分布饼图

10.2.2　用户的购买行为与时间的关系

（1）查看用户的购买行为是否和时间相关

数据集的 type 字段为 4 表示购买行为，需要筛选出购买的样本。把数据集中的 time 字段中 "2016-02-01 12:10:10" 的时间格式转化成周一至周日，然后统计周一至周日的购买情况，如图 10-2 所示。

```
1.  #coding:utf8
2.  import pandas as pd
3.  import matplotlib.pyplot  as plt
4.  import seaborn as sns
5.  sns.set_style('darkgrid')
6.  import matplotlib.font_manager as fm
7.  myfont=fm.FontProperties(fname=r'./data/simhei.ttf')
8.  def push_week(new_data):
```

第 10 章　基于大数据的电商精准营销

```
9.    new_data=new_data[new_data['type']==4].copy()   # 选取下单的样本
10.   new_data['weekdays'] = pd.to_datetime(new_data['time']).apply(pd.
datetime.weekday) + 1
11.   # 把时间转化成周一至周日
12.   week_days = new_data.groupby('weekdays')['user_id'].count()
13.   # 统计一周内每天的购买次数
14.   fig=plt.figure(figsize=(8,6))          # 设置画布大小
15.   bar_width = 0.33                        # 条形的宽度
16.   plt.bar(week_days.index , week_days, bar_width, label='购买次数')
17.   plt.xlabel('时间',fontproperties=myfont,fontsize=9)
18.   plt.ylabel('次数',fontproperties=myfont,fontsize=9)
19.   plt.title('一周内每天的购买情况',fontproperties=myfont,fontsize=12)
20.   plt.xticks(week_days.index, ('周一', '周二', '周三', '周四', '周五', '
周六', '周日'),fontproperties=myfont,fontsize=9)
21.   plt.ylim(0,300)
22.   plt.legend(prop=myfont)
23.   plt.savefig('./task2/task2_week.png')
24.   plt.close(fig)
```

从图 10-2 中可以看出购买行为和时间的关系不大。

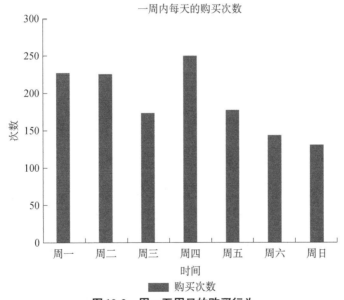

图10-2　周一至周日的购买行为

（2）统计 2016 年 2 月用户的购买次数是否和月内日期相关

```
1.  def push_date(new_data):
2.      '''
3.      new_data数据集是2～5月的用户行为数据集，2月的购买次数受春节影响较大，'time'
字段的格式是'2016-02-01 10:10:10'
4.      先选取2月的样本，然后把日期转化成天数（即只提取日，剔除年、月、时、分、秒），再统
计每天的购买情况
5.      要求画出2016年2月每天购买次数的折线图，画布参数为plt.figure(figsize=(8,
6))，使用自定义字体集myfont，
6.      图标题使用12号字体，其他字体使用9号字体
```

135

```
7.        '''
8.        new_data = new_data[(new_data['type'] == 4) & (pd.to_datetime(new_
data['time']) < pd.to_datetime('2016-03-01'))].copy()    #筛选出2016年2月的数据
9.        new_data['days'] = [x.day for x in pd.to_datetime(new_data['time'])]
10.       renew=new_data.groupby('days')['sku_id'].count()
11.       fig = plt.figure(figsize=(8, 6))
12.       plt.plot(renew.index,renew,label='购买次数')
13.       plt.xlabel('天数',fontproperties=myfont,fontsize=9)
14.       plt.ylabel('次数',fontproperties=myfont,fontsize=9)
15.       plt.title('购买次数和月内日期的关系',fontproperties=myfont,fontsi
ze=12)
16.       plt.legend(prop=myfont)
17.       plt.savefig('./task2/task2_date.png')
18.       #plt.close(fig)
```

购买次数和月内日期的关系如图 10-3 所示。

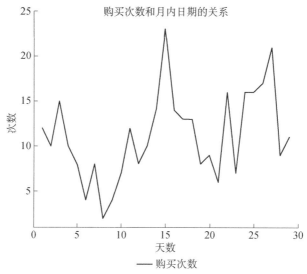

图10-3　购买次数和月内日期的关系

10.2.3　用户的购买意向与年龄、性别和用户等级之间的关系

下面使用条形图来探索用户的购买意向与年龄、性别和用户等级之间的关系。

```
1.  #coding:utf8
2.  import pandas as pd
3.  import os
4.  import matplotlib.pyplot  as plt
5.  #os.chdir('/home/haosu/桌面/案例/84phfenm')
6.  import seaborn as sns
7.  sns.set_style('darkgrid')
8.  import matplotlib.font_manager as fm
9.  myfont=fm.FontProperties(fname=r'./data/simhei.ttf')
10. def show_data(User,Action):
11.     # 条形宽度
```

```
12.        fig = plt.figure(figsize=(18,6))
13.        Action = Action[Action['type'] == 4].copy()  #筛选出购买过的用户
14.        Action['mark']='购买'                          #加一列标签
15.        User = pd.merge(User, Action[['user_id','mark']], how='left', on='u
ser_id')            #聚合年龄、性别、用户等级的变量
16.        User['mark']=User['mark'].fillna('未购买')  #给没有匹配到的用户赋值
17.        User['sex']=User['sex'].replace({-1:'未知',0:'男',1:'女'})   #把数字代
码替换成明确的意义
18.        vars =['age','sex','user_lv_cd']              #需要展示的变量名
19.        title=['年龄','性别','用户等级']              #对应的标题
20.        for var in range(3):
21.            ax=plt.subplot(1, 3, var + 1)
22.            result_id = pd.pivot_table(User, values='user_id', index=vars
[var], columns='mark', aggfunc='count')
23.            bar_width = 0.25
24.            # 透明度
25.            opacity = 0.4
26.            index=pd.Series(range(result_id.shape[0]))
27.            plt.bar(index-bar_width/2,result_id['未购买'],bar_width,alpha=
opacity, color='c', label='未购买')
28.            plt.bar(index+bar_width/2,result_id['购买'],bar_width, alpha=
opacity, color='m', label='购买')
29.            plt.xticks(index,result_id.index,fontproperties=myfont,fontsize=9)
30.            plt.legend(prop=myfont)
31.            plt.title('用户的购买意向与%s之间的关系' %title[var],fontproperties=
myfont,fontsize=9)
32.            plt.xlabel(title[var],fontproperties=myfont,fontsize=9)
33.            plt.ylabel('用户数量',fontproperties=myfont,fontsize=9)
34.        plt.savefig('./task3/task3.png')
```

用户的购买意向与年龄、性别和用户等级之间的关系如图 10-4 所示。

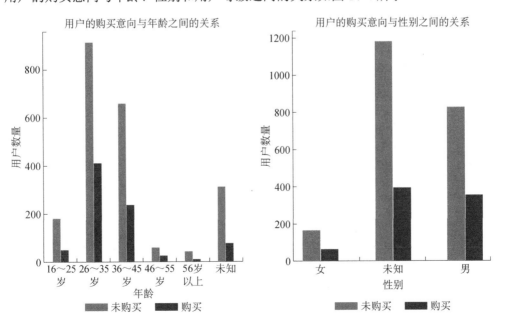

137

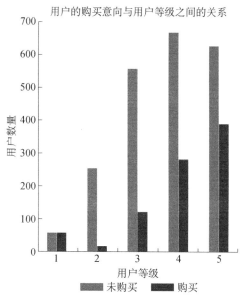

图10-4 用户的购买意向与年龄、性别和用户等级之间的关系

10.2.4 用户的购买意向与评论数的关系

探索用户的购买意向与评论数的关系，代码如下。

```
1.  #coding:utf8
2.  import pandas as pd
3.  import matplotlib.pyplot  as plt
4.  import seaborn as sns
5.  sns.set_style('darkgrid')
6.  import matplotlib.font_manager as fm
7.  myfont=fm.FontProperties(fname=r'./data/simhei.ttf')
8.  def show_data(comment,action):
9.      action['mark']='购买'
10.     data=pd.merge(comment,action[['sku_id','mark']],how='left',on='sku_
id').fillna('未购买')                      #连接表，未购买用户填充"未购买"
11.     result_id=pd.pivot_table(data,values='dt',index='comment_num',
columns='mark',aggfunc='count').fillna(0)
12.     fig = plt.figure(figsize=(8,6))          #初始化画布
13.     ax=plt.subplot(1,1,1)
14.     bar_width = 0.25
15.     # 透明度
16.     opacity = 0.4
17.     index=pd.Series(range(result_id.shape[0]))
18.     a1=ax.bar(index,result_id['未购买'],bar_width,alpha=opacity, color=
'c', label='未购买商品数')
19.     plt.title('购买意向与评论数的关系',fontproperties=myfont,fontsize=12)
20.     plt.xlabel('评论数',fontproperties=myfont,fontsize=9)
21.     plt.ylabel('商品数量',fontproperties=myfont,fontsize=9)
22.     ax1=ax.twinx()
23.     a2=ax1.plot(index,result_id['购买'],label='购买的商品数')
24.     plt.ylabel('商品数量',fontproperties=myfont,fontsize=9)
25.     lns = a1 if type(a1)==list else [a1] + a2 if type(a2)==list else
[a2]
```

```
26.    labs = [l.get_label() for l in lns]
27.    ax.legend(lns, labs, prop=myfont)
28.    plt.savefig('./task4/task4.png')
```

用户的购买意向与评论数的关系如图 10-5 所示。

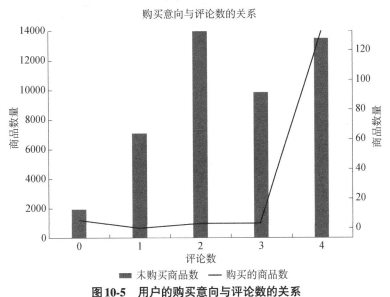

图10-5   用户的购买意向与评论数的关系

第 11 章　好友推荐案例分析

本章将以 QQ 好友推荐的实现过程为例，详细讲述 Hadoop 在开发中的实际应用。

近十几年来，随着在线社交网络蓬勃发展，研究人员开始在大量现实数据的基础上对社交影响力进行建模和分析，并取得了丰硕的研究成果和广泛的应用价值。在社交网络中寻找潜在好友并进行推荐，成为了社交网络分析的关键问题之一。为社交网络用户推荐好友就是帮助用户在社交网络中找到他们感兴趣的用户，进而添加到自己的联系人列表中。

11.1　任务需求

以下面的数据集为例，编写 MapReduce 程序，为 QQ 用户推荐好友。数据集的第一列为选中的 7 位 QQ 用户，其他列为该用户的 QQ 好友。

```
xiaoming    laowang     xiaohua     lingling
laowang     xiaoming    xiaolan
xiaohua     xiaoming    xiaogang    xiaolan
lingling    xiaoming    xiaogang    xiaolan      meimei
xiaogang    xiaohua     xiaolan     lingling
meimei      xiaolan     lingling
xiaolan     xiaohua     laowang     lingling     meimei
```

11.2　准备工作

11.2.1　启动 Hadoop 平台

① 启动 Hadoop 平台，在终端命令窗口中输入 start-all.sh 命令，代码如下，显示的界面如图 11-1 所示。

```
[Command 001]:
start-all.sh
```

图11-1　输入 **start-all.sh** 命令后显示的界面

② 输入 jps 命令，查看 Hadoop 启动的守护进程，代码如下，显示的界面如图 11-2 所示。如果系统中有其他程序同时运行，守护进程的界面可能有所不同，但只要保证 NodeManager、SecondaryNameNode、NameNode、DataNode、ResourceManager 进程在界面中出现即可。

```
[Command 002]:
jps
```

图11-2　输入 **jps** 命令后显示的界面

11.2.2　数据路径的准备

如果数据路径已经存在，则需要删除路径下的所有数据文件。命令格式为：hadoop dfs -rmr /root/experiment/datas/要删除的文件名。如果要删除的文件名为 file.txt，则命令为 hadoop dfs -rmr /root/experiment/datas/file.txt。

如果要一次性删除多个文件，可以用"*"代替文件名中不相同的部分。例如，要删除文件 file1.txt、file2.txt，则删除命令为 hadoop dfs-rmr/root/experiment/datas/file*或 hadoop dfs -rmr /root/experiment/datas/*.txt。

删除已经存在的文件 data1、data2 的代码如下，显示的界面如图 11-3、图 11-4 所示。

```
[Command 003]:
hadoop dfs -lsr /root
```

图11-3　删除已经存在的文件**data1**、**data2**（界面 1）

```
[Command 004]:
hadoop dfs -rmr /root/experiment/datas/data*
[Command 005]:
hadoop dfs -lsr /root
```

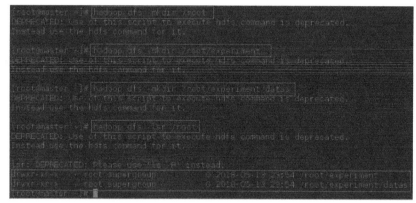

图11-4　删除已经存在的文件data1、data2（界面2）

如果数据存储路径不存在，则在 HDFS 中建立/root/experiment/datas 目录，用于记录程序运行时需要的实验数据，运行结果如图 11-5 所示。

```
[Command 006]:
hadoop dfs -lsr /
[Command 007]:
hadoop dfs -mkdir /root
[Command 008]:
hadoop dfs -mkdir /root/experiment
[Command 009]:
hadoop dfs -mkdir /root/experiment/datas
[Command 010]:
hadoop dfs -lsr /root
```

图11-5　建立/root/experiment/datas目录

11.2.3　运行结果输出路径的准备

实验程序的运行结果会存储在 HDFS 平台的/root/experiment/output 路径下，所以在程序执行前，该路径不能存在，如果存在则需要将其删除。

查询/root/experiment/output 路径是否存在，代码如下。如果该路径存在，查询结果如图 11-6 所示。

```
[Command 011]:
hadoop dfs -ls /root/experiment/
```

图11-6 查询结果

删除已经存在的输出目录，代码如下，删除结果如图 11-7 所示。

```
[Command 012]:
hadoop dfs -rmr /root/experiment/output
```

图11-7 删除结果

11.3 创建 Maven 项目

（1）创建新项目

① 打开 IDEA。双击桌面上的"IDEA"图标（如果是第一次使用，会弹出"Welcome to IntelliJ IDEA"窗口），选择"Create New Project"，创建新项目，如图 11-8 所示。

图11-8 打开 IDEA

② 确定要创建的项目类型。在弹出的"New Project"窗口中选择项目类型"Maven",点击"Next"按钮,如图 11-9 所示。

③ 填写项目信息。在 GroupId 后面的文本框中输入"hadoopmr",在 ArtifactId 后面的文本框中输入"project",然后点击"Next"按钮,如图 11-10 所示。

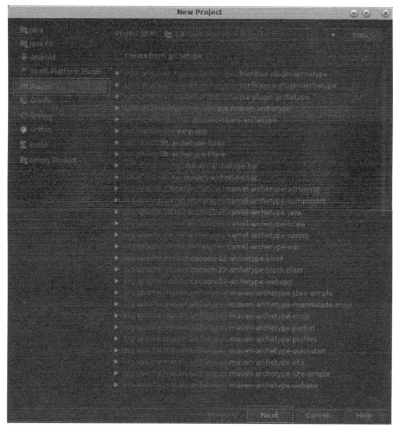

图11-9　确定要创建的项目类型

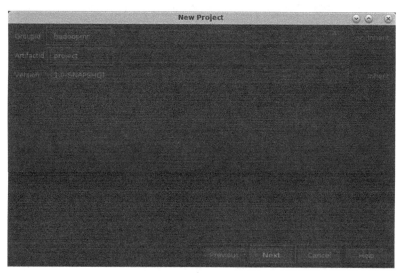

图11-10　填写项目信息

④ 完成项目创建。"New Project"窗口中会显示新创建的项目名称及存储位置，点击"Finish"按钮，完成项目的创建，如图 11-11 所示。

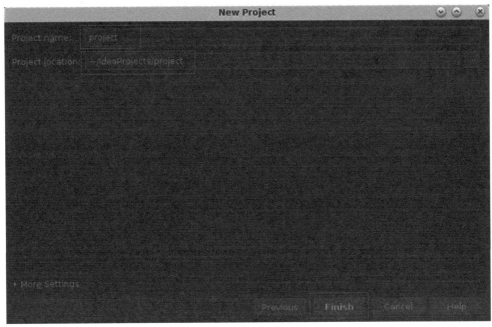

图11-11　完成项目创建

⑤ 进入 IDEA 的开发界面。如果弹出"Tip of the Day"窗口，点击"Close"按钮，关闭该窗口即可。

⑥ 在右下角弹出的对话框中，选择"Enable Auto-Import"（如果未弹出该对话框，请忽略此步骤）。

⑦ 在 IDEA 开发环境的主窗口左侧可以看到新创建的"project"项目，其中 pom.xml 文件记录了 Maven 项目的依赖关系，如图 11-12 所示。

图11-12　IDEA 开发环境的主窗口

（2）配置 pom.xml 文件

pom.xml 文件的配置信息如图 11-13 所示。

图11-13　pom.xml文件的配置信息

配置 pom.xml 文件后，文件内容如下。

```
[Code 001]:
<project xmlns="http://maven.apache.org/POM/4.0.0" xmlns:xsi="http://www.
w3.org/2001/XMLSchema-instance" xsi:schemaLocation="http://maven.apache.org/POM/
4.0.0 http://maven.apache.org/xsd/maven-4.0.0.xsd">
<modelVersion>4.0.0</modelVersion>
<groupId>demo</groupId>
<artifactId>demo</artifactId>
<version>0.0.1-SNAPSHOT</version>
<packaging>jar</packaging>
<name>demo</name>
<url>http://maven.apache.org</url>
<properties>
<project.build.sourceEncoding>UTF-8</project.build.sourceEncoding>
</properties>
<dependencies>
    <dependency>
        <groupId>junit</groupId>
        <artifactId>junit</artifactId>
        <version>4.12</version>
        <scope>test</scope>
    </dependency>
    <dependency>
        <groupId>org.apache.hadoop</groupId>
        <artifactId>Hadoop common</artifactId>
        <version>2.7.4</version>
    </dependency>
    <dependency>
        <groupId>org.apache.hadoop</groupId>
        <artifactId>Hadoop hdfs</artifactId>
```

```
        <version>2.7.4</version>
    </dependency>
    <dependency>
        <groupId>org.apache.hadoop</groupId>
        <artifactId>Hadoop mapreduce-client-core</artifactId>
        <version>2.7.4</version>
    </dependency>
    <dependency>
        <groupId>org.apache.hadoop</groupId>
        <artifactId>Hadoop mapreduce-client-jobclient</artifactId>
        <version>2.7.4</version>
    </dependency>
    <dependency>
        <groupId>log4j</groupId>
        <artifactId>log4j</artifactId>
        <version>1.2.17</version>
    </dependency>
</dependencies>
</project>
```

（3）查看 Hadoop 项目的 Maven 依赖包

① 查看导入的依赖包。导入依赖包后，会在左侧窗口中看到新导入的依赖包，如图 11-14 所示。

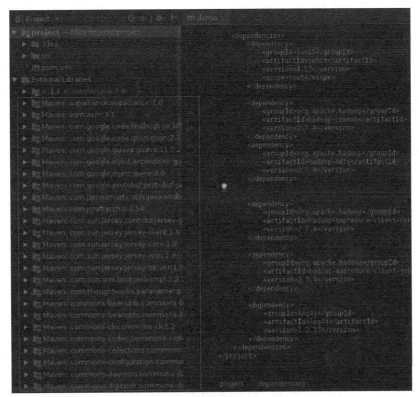

图11-14　查看导入的依赖包

② 如果依赖包导入失败，可以在配置好 pom.xml 文件后，选中项目名 "project"，点击鼠标右键，依次选择 "Maven" → "Reimport"，导入依赖包，如图 11-15 所示。

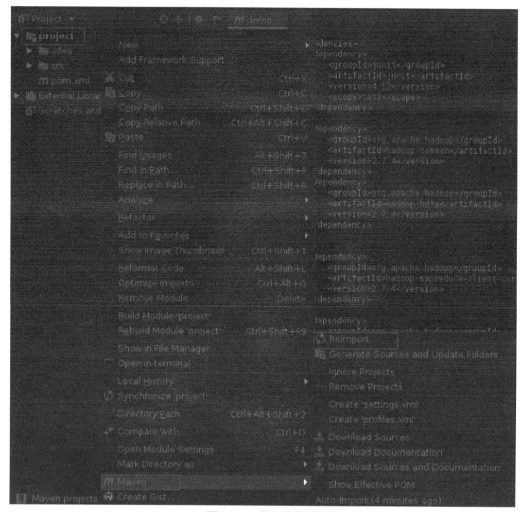

图11-15　导入依赖包

11.4　FriendRecommend程序的实现

11.4.1　数据准备

将 Linux 系统中本地~/experiment/datas/mapreduce/friend/目录下的 friend 文件复制到 HDFS 中的/root/experiment/datas/目录下，代码如下，数据准备的结果如图 11-16 所示。

```
[Command 013]:
hadoop fs -put ~/experiment/datas/mapreduce/friend/friend/root/experiment/
datas/
[Command 014]:
hadoop fs -lsr /root
```

图 11-16 数据准备的结果

11.4.2 编写单表关联的 MapReduce 程序

① 双击桌面上的"IDEA"图标，打开 IDEA 开发环境界面。在开发项目中的 Java 文件夹中编写 MapReduce 程序。

② 依次选择"Project"→"java"→"New"→"Package"，创建包，如图 11-17 所示。

图 11-17 创建包

③ 在弹出的"New Package"窗口中填写包名"experiment"，点击"OK"按钮，如图 11-18 所示。

图 11-18 填写包名

④ 在左侧窗口的 project 项目下可以看到新创建的包，如图 11-19 所示。

图 11-19 新创建的包

11.4.3 创建 FirstJob 类文件，编写 FirstJob 类

① 依次选择"experiment"→"New"→"Java Class"，创建 FirstJob 类文件，如图 11-20 所示。

图11-20　创建 FirstJob 类文件

② 在弹出的"Create New Class"窗口中输入要创建的文件名称"FirstJob"和类型 "Class"，然后点击"OK"按钮，完成类文件的创建，如图 11-21 所示。

图11-21　完成 FirstJob 类文件的创建

③ 此时，在左侧窗口中可以看到新创建的 FirstJob 类文件，并且在中央窗口中可以看到 FirstJob 类文件的内容，如图 11-22 所示。

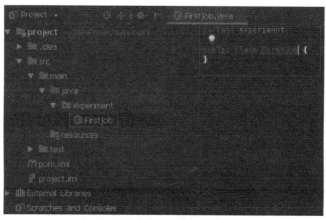

图11-22　FirstJob 类文件的内容

④ 编写 FirstJob 类，代码如下。

```
[Code 002]:
1.  package experiment;
```

```
2.    import org.apache.hadoop.io.IntWritable;
3.    import org.apache.hadoop.io.Text;
4.    import org.apache.hadoop.mapreduce.Mapper;
5.    import org.apache.hadoop.mapreduce.Reducer;
6.    import org.apache.hadoop.util.StringUtils;
7.    import java.io.IOException;
8.    public class FirstJob {
9.        public static class Fof extends Text{
10.           public Fof(){
11.               super();
12.           }
13.           public Fof(String a, String b){
14.               super(getFof(a, b));
15.           }
16.           /*字符串比较小的放前面*/
17.           public static String getFof(String a, String b){
18.               int r =a.compareTo(b);
19.               if(r<0){
20.                   return a+"\t"+b;
21.               }else{
22.                   return b+"\t"+a;
23.               }
24.           }
25.       }
26.       static class FofMapper extends Mapper<Text, Text, Fof, IntWritable> {
27.           protected void map(Text key, Text value, Context context)
28.                   throws IOException, InterruptedException {
29.               /*获取 key 的值*/
30.               String user =key.toString();
31.               /*字符串分割*/
32.               String[] friends =StringUtils.split(value.toString(), '\t');
33.               /*遍历数据*/
34.               for (int i = 0; i < friends.length; i++) {
35.                   /*定义变量，从数组中取值*/
36.                   String f1 = friends[i];
37.                   /*返回比较后的数据*/
38.                   Fof ofof =new Fof(user, f1);
39.                   /*将数据写入 context 中*/
40.                   context.write(ofof, new IntWritable(0));
41.                   /*遍历数据*/
42.                   for (int j = i+1; j < friends.length; j++) {
43.                       /*定义变量，从数组中取值*/
44.                       String f2 = friends[j];
45.                       /*返回比较后的数据*/
46.                       Fof fof =new Fof(f1, f2);
47.                       /*将数据写入 context 中*/
48.                       context.write(fof, new IntWritable(1));
49.                   }
50.               }
51.           }
52.       }
53.       static class FofReducer extends Reducer<Fof, IntWritable, Fof,
IntWritable> {
54.           protected void reduce(Fof arg0, Iterable<IntWritable> arg1,
Context arg2) throws IOException, InterruptedException {
55.               /*初始化变量*/
56.               int sum =0;
57.               boolean f =true;
```

```
58.              /*遍历数据，计算求和*/
59.              for(IntWritable i: arg1){
60.                  if(i.get()==0){
61.                      f=false;
62.                      break;
63.                  }else{
64.                      sum=sum+i.get();
65.                  }
66.              }
67.              if(f){
68.                  /*将数据写入context中*/
69.                  arg2.write(arg0, new IntWritable(sum));
70.              }
71.          }
72.      }
73. }
```

11.4.4 创建 SecondJob 类文件，编写 SecondJob 类

① 依次选择"experiment"→"New"→"Java Class"，创建 SecondJob 类文件。

② 在弹出的"Create New Class"窗口中输入要创建的文件名称"SecondJob"和类型"Class"，然后点击"OK"按钮，完成 SecondJob 类文件的创建，如图 11-23 所示。

图 11-23 完成 SecondJob 类文件的创建

③ 此时，在左侧窗口中可以看到新创建的 SecondJob 类文件，并且在中央窗口中可以看到 SecondJob 类文件的内容，如图 11-24 所示。

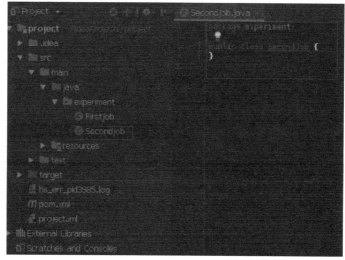

图 11-24 SecondJob 类文件的内容

④ 编写 SecondJob 类，代码如下。

```
[Code 003]:
1.    package experiment;
2.    import org.apache.hadoop.io.Text;
3.    import org.apache.hadoop.io.WritableComparable;
4.    import org.apache.hadoop.io.WritableComparator;
5.    import org.apache.hadoop.mapreduce.Mapper;
6.    import org.apache.hadoop.mapreduce.Reducer;
7.    import org.apache.hadoop.util.StringUtils;
8.    import java.io.DataInput;
9.    import java.io.DataOutput;
10. import java.io.IOException;
11. public class SecondJob {
12.     static class SortMapper extends Mapper<Text, Text, User, User> {
13.         protected void map(Text key, Text value,Context context) th
rows IOException, InterruptedException {
14.             /*获取value的值并进行数据分割*/
15.             String[] args=StringUtils.split(value.toString(), '\t');
16.             /*定义变量并赋值*/
17.             String other=args[0];
18.             /*数据类型转换*/
19.             int friendsCount =Integer.parseInt(args[1]);
20.             /*将数据写入context中*/
21.             context.write(new User(key.toString(), friendsCount), new
User(other, friendsCount));
22.             context.write(new User(other, friendsCount), new User(key.
toString(),friendsCount));
23.         }
24.     }
25.     static class SortReducer extends Reducer<User, User, Text, Text> {
26.         protected void reduce(User arg0, Iterable<User> arg1,  Contex
t arg2) throws IOException, InterruptedException {
27.             /*定义变量并赋值*/
28.             String user =arg0.getUname();
29.             StringBuffer sb =new StringBuffer();
30.             /*遍历数据，进行字符串拼接*/
31.             for(User u: arg1 ){
32.                 sb.append(u.getUname()+":"+u.getFriendsCount());
33.                 sb.append(", ");
34.             }
35.             /*写入键值对数据*/
36.             arg2.write(new Text(user), new Text(sb.toString()));
37.         }
38.     }
39.     public static class User implements WritableComparable<User> {
40.         private String uname;
41.         private int friendsCount;
42.         public String getUname() {
43.             return uname;
44.         }
45.         public void setUname(String uname) {
46.             this.uname = uname;
47.         }
48.         public int getFriendsCount() {
49.             return friendsCount;
50.         }
```

```
51.          public void setFriendsCount(int friendsCount) {
52.              this.friendsCount = friendsCount;
53.          }
54.          public User() {
55.          }
56.          public User(String uname, int friendsCount) {
57.              this.uname = uname;
58.              this.friendsCount = friendsCount;
59.          }
60.          /*数据序列化*/
61.          public void write(DataOutput out) throws IOException {
62.              out.writeUTF(uname);
63.              out.writeInt(friendsCount);
64.          }
65.          /*数据反序列化*/
66.          public void readFields(DataInput in) throws IOException {
67.              this.uname = in.readUTF();
68.              this.friendsCount = in.readInt();
69.          }
70.          /*数据比较*/
71.          public int compareTo(User o) {
72.              int result = this.uname.compareTo(o.getUname());
73.              if (result == 0) {
74.                  return Integer.compare(this.friendsCount, o.getFriend
sCount());
75.              }
76.              return result;
77.          }
78.      }
79.      public static class FoFSort extends WritableComparator {
80.          public FoFSort() {
81.              super(User.class, true);
82.          }
83.          /*进行比较排序*/
84.          public int compare(WritableComparable a, WritableComparable b) {
85.              User u1 =(User) a;
86.              User u2=(User) b;
87.              int result =u1.getUname().compareTo(u2.getUname());
88.              if(result==0){
89.                  return -Integer.compare(u1.getFriendsCount(), u2.
getFriendsCount());
90.              }
91.              return result;
92.          }
93.      }
94.      public static  class FoFGroup extends WritableComparator{
95.          public FoFGroup() {
96.              super(User.class, true);
97.          }
98.          /*数据比较*/
99.          public int compare(WritableComparable a, WritableComparable b) {
100.             User u1 =(User) a;
101.             User u2=(User) b;
102.             return u1.getUname().compareTo(u2.getUname());
103.         }
104.     }
105.  }
```

11.4.5　创建 Run 类文件，编写 Run 类

① 依次选择"experiment"→"New"→"Java Class"，创建 Run 类文件。

② 在弹出的"Create New Class"窗口中输入要创建的文件名称"Run"和类型"Class"，然后点击"OK"按钮，完成 Run 类文件的创建，如图 11-25 所示。

图 11-25　完成 Run 类文件的创建

③ 此时，在左侧窗口中可以看到新创建的 Run 类文件，并且在中央窗口中可以看到 Run 类文件的内容，如图 11-26 所示。

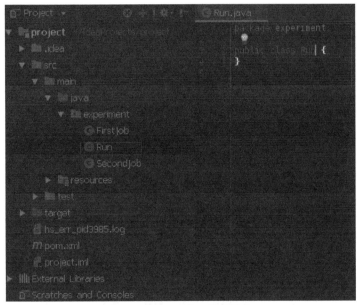

图 11-26　Run 类文件的内容

④ 编写 Run 类，代码如下。

```
[Code 004]:
package experiment;
import org.apache.hadoop.conf.Configuration;
import org.apache.hadoop.fs.FileSystem;
import org.apache.hadoop.fs.Path;
import org.apache.hadoop.io.IntWritable;
import org.apache.hadoop.mapreduce.Job;
import org.apache.hadoop.mapreduce.lib.input.FileInputFormat;
import org.apache.hadoop.mapreduce.lib.input.KeyValueTextInputFormat;
import org.apache.hadoop.mapreduce.lib.output.FileOutputFormat;
public class Run {
```

```
        public static void main(String[] args) {
            /*创建配置对象并设置属性*/
            Configuration config =new Configuration();
            config.set("fs.defaultFS", "hdfs://master:9000");
            /*任务1成功运行后，运行任务2*/
            if(run1(config)){
                run2(config);
            }
        }
        public static boolean run1(Configuration config) {
            try {
                /*获取文件系统*/
                FileSystem fs =FileSystem.get(config);
                /*获取任务*/
                Job job =Job.getInstance(config);
                /*设置JAR包源*/
                job.setJarByClass(Run.class);
                /*设置任务名称*/
                job.setJobName("friend");
                /*指定任务Mapper类*/
                job.setMapperClass(FirstJob.FofMapper.class);
                /*指定任务Reducer类*/
                job.setReducerClass(FirstJob.FofReducer.class);
                /*设置任务输出数据的键类*/
                job.setMapOutputKeyClass(FirstJob.Fof.class);
                /*设置任务输出数据的值类*/
                job.setMapOutputValueClass(IntWritable.class);
                /*设置任务的输入格式类*/
                job.setInputFormatClass(KeyValueTextInputFormat.class);
                /*设置任务输入路径*/
                FileInputFormat.addInputPath(job, new Path("/root/experiment/
datas/"));
                /*定义输出路径*/
                Path outpath =new Path("/root/experiment/output/output1");
                /*路径存在则删除路径*/
                if(fs.exists(outpath)){
                    fs.delete(outpath, true);
                }
                /*设置任务输出路径*/
                FileOutputFormat.setOutputPath(job, outpath);
                /*提交任务获取返回值*/
                boolean f= job.waitForCompletion(true);
                /*返回任务处理结果*/
                return f;
            } catch (Exception e) {
                e.printStackTrace();
            }
        return false;
        }
        public static void run2(Configuration config) {
            try {
                /*获取文件系统*/
                FileSystem fs =FileSystem.get(config);
                /*获取任务*/
                Job job =Job.getInstance(config);
                /*设置JAR包源*/
                job.setJarByClass(Run.class);
```

```
        /*设置任务名称*/
        job.setJobName("fof2");
        /*指定任务 Mapper 类*/
        job.setMapperClass(SecondJob.SortMapper.class);
        /*指定任务 Reducer 类*/
        job.setReducerClass(SecondJob.SortReducer.class);
        /*指定任务排序*/
        job.setSortComparatorClass(SecondJob.FoFSort.class);
        job.setGroupingComparatorClass(SecondJob.FoFGroup.class);
        /*设置任务输出数据的键类*/
        job.setMapOutputKeyClass(SecondJob.User.class);
        /*设置任务输出数据的值类*/
        job.setMapOutputValueClass(SecondJob.User.class);
        /*设置任务的输入格式类*/
        job.setInputFormatClass(KeyValueTextInputFormat.class);
        /*设置任务输入路径*/
        FileInputFormat.addInputPath(job, new Path("/root/experiment/
output/output1"));
        /*定义输出路径*/
        Path outputPath=new Path("/root/experiment/output/output2");
        /*路径存在则删除路径*/
        if(fs.exists(outputPath)){
                fs.delete(outputPath, true);
        }
        /*设置任务输出路径*/
        FileOutputFormat.setOutputPath(job, outputPath);
        /*提交任务获取返回值*/
        boolean f =job.waitForCompletion(true);
        /*任务处理成功则输出 success*/
        if(f){
                System.out.println("success");
        }
    } catch (Exception e) {
        e.printStackTrace();
    }
    }
}
```

11.5　运行程序与结果验证

11.5.1　在 IDEA 中验证运行结果

如果需要验证程序的运行过程,可将/opt/hadoop/etc/hadoop/路径下的 log4j.properties 文件复制至 project 项目的 resources 文件夹下,如图 11-27 所示。运行后,会在控制台中显示相关信息。

打开要运行的程序,点击工具栏中的"Run",并在窗口中点击鼠标右键,在弹出的窗口中点击"Run 'Run.main()'",如图 11-28 所示,运行 MapReduce 程序。注意:如果多次运行,请在每次运行前删除输出目录"hdfs://master:9000/root/experiment/output",或者将输出目录改为 HDFS 中不存在的目录。

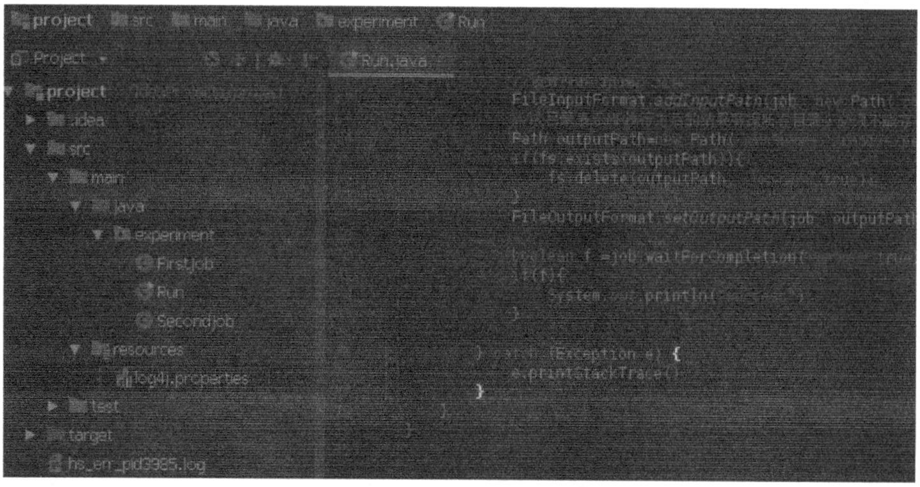

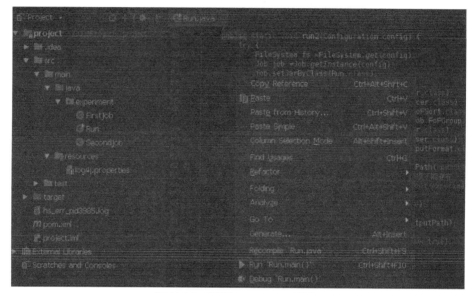

图11-27　复制 log4j.properties 文件

图11-28　运行 MapReduce 程序

运行时会在控制台中显示运行结果，如图 11-29 所示。

图11-29　运行结果

11.5.2　在 HDFS 中验证运行结果

（1）查询运行结果

代码如下，运行结果如图 11-30 所示。

```
[Command 015]:
hadoop fs -lsr /root/experiment/output
```

图11-30　运行结果（1）

（2）查询数据

代码如下，查询结果如图 11-31 所示。

```
[Command 016]:
hadoop fs -cat /root/experiment/output/output2/part-r-00000
```

图11-31　查询结果

（3）释放程序用到的数据目录

代码如下，运行结果如图 11-32 所示。

```
[Command 017]:
hadoop fs -rmr /root/experiment/datas
```

图11-32　运行结果（2）

（4）释放程序用到的输出目录

代码如下，运行结果如图 11-33 所示。

```
[Command 018]:
hadoop fs -rmr /root/experiment/output
```

图 11-33　运行结果（3）

参考文献

[1] 林子雨. 大数据技术原理与应用：概念、存储、处理、分析与应用[M]. 2 版. 北京：人民邮电出版社，2017.

[2] 张伟洋. Hadoop 大数据技术开发实战[M]. 北京：清华大学出版社，2019.

[3] Viktor M S，Kenneth C. 大数据时代：生活、工作与思维的大变革[M]. 盛杨燕，周涛，译. 杭州：浙江人民出版社，2013.

[4] 黄宜华. 深入理解大数据：大数据处理与编程实践[M]. 北京：机械工业出版社，2014.

[5] 蔡斌，陈湘萍. Hadoop 技术内幕：深入解析 Hadoop Common 和 HDFS 架构设计与实现原理[M]. 北京：机械工业出版社，2013.

[6] Donald M，Adam S. MapReduce 设计模式[M]. 徐钊，赵重庆，译. 北京：人民邮电出版社，2014.

[7] 刘鹏. 云计算[M]. 2 版. 北京：电子工业出版社，2011.

[8] 霍雨佳，周若平，钱晖中. 大数据科学[M]. 成都：电子科技大学出版社，2017.

[9] 时允田，林雪纲. Hadoop 大数据开发案例教程与项目实战[M]. 北京：人民邮电出版社，2017.

[10] 王星. 大数据分析：方法与应用[M]. 北京：清华大学出版社，2013.

[11] 安俊秀，王鹏，靳宇倡. Hadoop 大数据处理技术基础与实践[M]. 北京：人民邮电出版社，2015.

[12] 余本国. 基于 Python 的大数据分析基础及实战[M]. 北京：中国水利水电出版社，2018.

[13] Tom W. Hadoop 权威指南：大数据的存储与分析[M]. 王海，华东，刘喻，等，译. 4 版. 北京：清华大学出版社，2017.

[14] Sergey M，Andrey G，Jing J L，etc. Dremel：Interactive Analysis of Web-Scale Datasets [J]，Communications of the ACM，2011，54（6）：114-123.

[15] Lars G. HBase 权威指南[M]. 代志远，刘佳，蒋杰，译. 北京：人民邮电出版社，2013.

[16] Rajiv R. Streaming Big Data Processing in Datacenter Clouds[C]. IEEE Cloud Computing 1（1）：78-83（2014）.

[17] Ning W，Yang Y，Liyuan F，etc. SVM-Based Incremental Learning Algorithm for Large-Scale Data Stream in Cloud Computing[J]，TIIS 8（10）：3378-3393（2014）.

[18] 胡争，范欣欣. HBase 原理与实践[M]. 北京：机械工业出版社，2019.

[19] 孟小峰，慈祥. 大数据管理：概念、技术与挑战. 计算机学报，2013（8）.146-169.

[20] 于俊，向海，代其锋，等. Spark 核心技术与高级应用[M]. 北京：机械工业出版社，

2016.

[21] 王道远. Spark 快速大数据分析[M]. 北京：人民邮电出版社，2015.

[22] Alvin A. Scala 编程实战[M]. 马博文，张锦文，任晓君，等，译. 北京：机械工业出版社，2016.

[23] 周志华. 机器学习[M]. 北京：清华大学出版社，2016.

[24] 张伟洋. Spark 大数据分析实战[M]. 北京：清华大学出版社，2020.

[25] Kirthi R. Python 数据可视化[M]. 程豪，译. 北京：机械工业出版社，2017.

[26] 夏辉. Python 程序设计[M]，北京：机械工业出版社，2019.

[27] 周元哲. Python 程序设计基础[M]，北京：机械工业出版社，2019.